CAPITALISMO
E SUSTENTABILIDADE

Dados Internacionais de Catalogação na Publicação (CIP)
(Câmara Brasileira do Livro, SP, Brasil)

Rodrigues, Theófilo
    Capitalismo e sustentabilidade : empresa regenerativa e a sustentabilidade corporativa no século XXI / Theófilo Rodrigues. – Petrópolis, RJ : Vozes, 2024.

    Bibliografia.
    ISBN 978-85-326-6903-2

    1. Desenvolvimento sustentável 2. Governança corporativa 3. Inclusão social 4. Responsabilidade social corporativa 5. Sustentabilidade I. Título.

24-198353   CDD-363.7

Índices para catálogo sistemático:
1. Sustentabilidade corporativa: Problemas sociais
363.7
Cibele Maria Dias – Bibliotecária – CRB-8/9427

THEÓFILO RODRIGUES

CAPITALISMO
E SUSTENTABILIDADE

Empresa regenerativa
e a sustentabilidade corporativa
no século XXI

Petrópolis

© 2024, Editora Vozes Ltda.
Rua Frei Luís, 100
25689-900 Petrópolis, RJ
www.vozes.com.br
Brasil

Todos os direitos reservados. Nenhuma parte desta obra poderá ser reproduzida ou transmitida por qualquer forma e/ou quaisquer meios (eletrônico ou mecânico, incluindo fotocópia e gravação) ou arquivada em qualquer sistema ou banco de dados sem permissão escrita da editora.

CONSELHO EDITORIAL

Diretor
Volney J. Berkenbrock

Editores
Aline dos Santos Carneiro
Edrian Josué Pasini
Marilac Loraine Oleniki
Welder Lancieri Marchini

Conselheiros
Elói Dionísio Piva
Francisco Morás
Gilberto Gonçalves Garcia
Ludovico Garmus
Teobaldo Heidemann

Secretário executivo
Leonardo A.R.T. dos Santos

PRODUÇÃO EDITORIAL

Aline L.R. de Barros
Marcelo Telles
Mirela de Oliveira
Otaviano M. Cunha
Rafael de Oliveira
Samuel Rezende
Vanessa Luz
Verônica M. Guedes

Conselho de projetos editoriais
Luísa Ramos M. Lorenzi
Natália França
Priscilla A.F. Alves

Editoração: Cecília Toledo
Diagramação: Littera Comunicação e Design
Revisão gráfica: Matheus Freitas
Capa: Lara Gomes

ISBN 978-85-326-6903-2

Este livro foi composto e impresso pela Editora Vozes Ltda.

Para Manu.

Sumário

Lista de figuras e quadros, 9
Lista de abreviações e siglas, 10
Prefácio, 13
Apresentação, 17
Introdução, 31

1 – Teoria da sustentabilidade, 45
  1.1 O que é sustentabilidade?, 47
  1.2 Trajetória da sustentabilidade corporativa, 63
  1.3 Atualizando a sustentabilidade corporativa: a empresa regenerativa, 79

2 – Governança corporativa inclusiva, 85
  2.1 *Compliance* socioambiental, 89
  2.2 Igualdade de gênero, 94
  2.3 Igualdade racial, 96
  2.4 Interseccionalidade, 100
  2.5 Diversidade sexual, 102
  2.6 Enfrentar o capacitismo, 105
  2.7 Superar o etarismo, 108
  2.8 Direito à preguiça, 112
  2.9 Direito à desconexão, 117
  2.10 Salário-máximo, 122
  2.11 Cadeia de suprimentos sustentável e diligência prévia socioambiental, 126
  2.12 A empresa com paredes de vidro: *accountability*, transparência e relatórios de sustentabilidade, 129

3 – Valor compartilhado, 135
   3.1 Modelo de Negócios Sustentável, 137
   3.2 Inovação para sustentabilidade, 140
   3.3 Bioeconomia, 146
   3.4 Obsolescência programada x ecoeficiência, 150
   3.5 Sobrevivência sustentável contra o racismo ambiental, 154
   3.6 Mercado financeiro: títulos e empréstimos sustentáveis, 157
   3.7 Quíntupla hélice, 163

4 – Impacto ambiental positivo, 165
   4.1 Economia circular, logística reversa e gestão de resíduos, 166
   4.2 Reserva Particular do Patrimônio Natural, 170
   4.3 Pagamento por serviço ambiental, 175
   4.4 Serviços ecossistêmicos, 178
   4.5 Mercado voluntário de carbono, 180
   4.6 Energias renováveis, 182
   4.7 Soluções baseadas na Natureza, 185

5 – Cidadania corporativa, 187
   5.1 Associação corporativa, 190
   5.2 Cooperação contra a tragédia dos comuns, 193
   5.3 Combater o *Rent seeking* e o *lobby* antiambiental, 196
   5.4 *Advocacy* sustentável, 198
   5.5 Um movimento anti *Black Friday*, 201
   5.6 Não financiar ataques contra a democracia, 203
   5.7 *BlackRock*: porta giratória, duplo padrão e concentração de riquezas, 206

6 – Considerações finais, 211

Referências, 217
Sobre o autor, 239

Lista de figuras e quadros

Figura 1 – A pirâmide da responsabilidade social corporativa de Archie Carroll, 68

Figura 2 – O Triple Bottom Line de John Elkington, 70

Figura 3 – Economia Clássica, Economia Ambiental e Economia Ecológica, 76

Figura 4 – A Economia Donut de Kate Raworth, 79

Figura 5 – Os quatro eixos da Empresa Regenerativa, 82

Lista de abreviações e siglas

ABNT	Associação Brasileira de Normas Técnicas
Cebds	Conselho Empresarial Brasileiro para o Desenvolvimento Sustentável
CNA	Confederação Nacional da Agricultura
CNC	Confederação Nacional do Comércio
CNI	Confederação Nacional da Indústria
COP	Conferência das Partes das Nações Unidas
CSA	Companhia Siderúrgica do Atlântico
ESG	Environmental, Social and Governance
Febraban	Federação Brasileira de Bancos
FGV	Fundação Getúlio Vargas
GRI	Global Reporting Initiative
HySE	Hydrogen Small Mobility & Engine Tecnology
IBGC	Instituto Brasileiro de Governança Corporativa
IIS	Instituto Internacional para Sustentabilidade
Inea	Instituto Estadual do Ambiente
IPCC	Intergovernmental Panel on Climate Change
IPBES	Intergovernmental Science-Policy Platform on Biodiversity and Ecosystem Services

ISE	Índice de Sustentabilidade Empresarial
MDL	Mecanismo de Desenvolvimento Limpo
MPT	Ministério Público do Trabalho
ODM	Objetivos do Desenvolvimento do Milênio
ODS	Objetivos do Desenvolvimento Sustentável
ONU	Organização das Nações Unidas
PcD	Pessoas com Deficiência
Pnad	Pesquisa Nacional por Amostra de Domicílios
Pnuma	Programa das Nações Unidas para o Meio Ambiente
PSA	Pagamento por Serviço Ambiental
PUC-Rio	Pontifícia Universidade Católica do Rio de Janeiro
RSPO	Roundtable on Sustainable Palm Oil
Sasb	Sustainability Accounting Standards Board
SbN	Soluções baseadas na Natureza
TCFD	Task Force on Climate Related Financial Disclosures
TNFD	Task Force on Nature Related Financial Disclosures
Uerj	Universidade do Estado do Rio de Janeiro
UFRJ	Universidade Federal do Rio de Janeiro
WBCSD	World Business Council for Sustainable Development

Prefácio

Fabio Rubio Scarano[1]

Os problemas e desafios impostos pelo estilo de vida hegemônico da modernidade, associados à lógica de produção e consumo do capitalismo, parecem não ter limites. O resultado se vê na forma de mudanças climáticas, perda da biodiversidade, surtos pandêmicos, desigualdade social que, juntos, direta ou indiretamente, geram conflitos e guerras. Por outro lado, são também as ferramentas intimamente associadas a este mesmo capitalismo – ciência e tecnologia – que têm sido essenciais para vários indicadores de bem-estar melhorarem, especialmente a partir da segunda metade do século XX: redução da pobreza, da mortalidade infantil, de níveis de analfabetismo, e todo o avanço nas telecomunicações e transportes, mais que nunca conectando o mundo. O desafio, portanto, parece habitar justamente na incompatibilidade entre a nossa busca por conforto material e as consequências socioecológicas disso vir a

---

1. Curador do Museu do Amanhã, titular da Cátedra Unesco de Bem-Estar Planetário e Antecipação Regenerativa no Museu do Amanhã, professor titular de Ecologia da Universidade Federal do Rio de Janeiro e professor do mestrado profissional em Ciência da Sustentabilidade da Pontifícia Universidade Católica do Rio de Janeiro (PUC-Rio).

ser alcançado por uma parte ou por toda a humanidade. Este é o tipo de problema aparentemente difícil ou impossível de se resolver devido a requisitos incompletos, contraditórios e mutáveis, que podem não ser prontamente detectáveis – um "problema perverso", do inglês, "wicked problem".

Neste livro, o mestre em sustentabilidade e doutor em sociologia Theófilo C.M. Rodrigues – o amigo Theo – torna esse problema um pouco menos perverso, ao propor uma estratégia regenerativa para as empresas. O foco nas empresas é uma escolha acertada, na medida em que respondem por pelo menos 60% do Produto Interno Bruto mundial, sendo, portanto, as engenheiras da lógica de produção e consumo que trouxeram o planeta ao seu estado atual. Se as empresas não mudarem, não parece haver saída para o atual estado de multicrise.

Com uma abordagem crítica, que transita da histórica para a filosófica, e um estilo agradável, que navega entre o coloquial e o acadêmico, Theo argumenta que o modelo de uma empresa regenerativa se funda em quatro princípios: a governança corporativa inclusiva, o valor compartilhado, o impacto ambiental positivo e a cidadania corporativa. A partir de uma pesquisa detalhada e rigorosa quanto à diversidade de fontes, o livro – que em essência foi construído ao longo de seu trabalho de mestrado – dá substância tanto teórica como factual para cada um dos quatro eixos. Em se cumprindo esses quatro pré-requisitos, as empresas estariam "devolvendo" à sociedade e ao mundo tanto ou mais do que retiram – o que dá sentido ao termo "regenerativo". Segundo Theo, para que isso seja possível, uma empresa regenerativa precisa "estabelecer a sustentabilidade em todas as dimensões de seu modelo de negócios".

Mas o que seria tal sustentabilidade, afinal? Leonardo Boff nos lembra que "sustentare", do latim, significa "cuidar". Sustentabilidade – mais que os vários acrônimos que o mundo contemporâneo insiste em criar (CSR, ESG, ODS) – talvez seja tão simplesmente uma ética do cuidado: cuidado com o mundo, com o próximo, consigo mesmo. O cuidado emerge do amor e da atitude democrática que se dispensa às relações. Logo, creio que Theo enxerga a possibilidade de um novo modo de produção que seja cuidadoso, democrático e amoroso, para que as empresas desenvolvam os quatro princípios regenerativos que ele propõe.

Sem dúvida que muitas das feridas sobre o nosso planeta vivo, Gaia, precisam regenerar. Muitos de tais ferimentos foram e são causados por atividades de produção estimuladas por padrões de consumo cada vez mais desenfreados. Assim, é como se empresas precisassem passar de causadoras de ferimentos a células-tronco que promovam a regeneração do gigante organismo planetário. Uma metamorfose bastante significativa, eu diria. Os quatro princípios que Theo enxerga como essenciais – e vale repetir: governança corporativa inclusiva, valor compartilhado, impacto ambiental positivo e cidadania corporativa – envolvem não só uma regeneração física, mas também de estado mental. Trata-se, por um lado, de conservar e restaurar a natureza, mas também de concomitantemente, e principalmente, se perceber como parte dela. Envolve tratar a natureza e as pessoas não como *commodity*, mas como irmãs e irmãos interconectados e interdependentes. Tanto se fala em inovação no mundo corporativo, e quase sempre essa palavra vem seguida do adjetivo "tecnológica". O que a obra de Theo me sugere é que a inovação que levará à regeneração mora menos na técnica que na atitude, menos em máquinas e mais no estado mental humano, especialmente o corporativo.

Aliás, ele próprio afirma que já dispomos das bases materiais e de conhecimento para a transformação que nosso tempo exige.

Para incluir, compartilhar, cuidar e promover cidadania, não resta dúvida de que serão necessários diálogos. Convém lembrar que não se caminha dos problemas para as soluções sem diálogo. No caso que Theo aborda, isso envolve as empresas se abrirem à escuta de comunidades humanas e mais-que-humanas que estão presentes nas áreas onde atuam. Envolve coproduzir soluções, ao invés de supor que elas possam ou devam vir "de cima para baixo". Para que tais diálogos possam de fato promover regeneração – insisto – precisam ser democráticos e amorosos em essência, ao invés de burocraticamente (para não dizer, falsamente) participativos.

O livro não só propõe diálogo, mas os trava, de múltiplas formas e em várias dimensões. Ora Theo provoca o leitor com as contradições do que nos é dado como senso comum. Outrora parece estar dialogando consigo mesmo, com suas próprias convicções científicas e políticas que – como para todos nós – balançam neste tempo fluido, no qual tudo é impermanente. Vejo ainda um diálogo entre a tentativa dele, como escritor, entender para ajudar leitor e leitora a entenderem. Por outro lado, também enxergo em Theo um desejo de "sair do livro" e agir, estimulando que quem o lê faça o mesmo. Esse exercício dialético, por vezes conduzirá o leitor à síntese e à compreensão, outras vezes à dúvida quanto à consequente ação. De qualquer forma, tenho certeza de que, como toda boa leitura, o livro irá instigar a imaginação. Como o futuro não existe a não ser na imaginação, precisamos imaginar melhor, para que emerjam futuros melhores.

Apresentação

No dia 16 de novembro de 2021, o principal reduto financeiro do Brasil, no centro de São Paulo, amanheceu com uma escultura um tanto quanto polêmica. Um musculoso touro dourado foi posicionado na frente da Bolsa de Valores, a B3, em referência à mesma estátua que ocupa Wall Street em Nova York. Na tradição do mercado financeiro, o touro representa a agressividade dos agentes na compra de títulos. Da perspectiva do capital, não se trata de uma inovação: na Inglaterra, o ilustre economista John Maynard Keynes já havia mencionado a ação dos touros em seu *Tratado sobre a moeda* de 1930, e, antes dele, o poeta Alexander Pope havia feito o mesmo em 1720. O touro é, efetivamente, um reconhecido emblema da agressividade dos acionistas e investidores em sua busca desenfreada pela concentração de riquezas. O que causou surpresa foi a instalação desse símbolo no Brasil de 2021, ano marcado por um baixíssimo crescimento econômico, mas, acima de tudo, marcado pelo desemprego e pelo avanço da pobreza. Por essa razão, não foi de se estranhar que, no dia seguinte, o touro dourado da B3 tenha acordado com cartazes colados com a palavra "fome" e pichações com dizeres como "taxar os ricos". O povo escreve a história nas paredes, dizia a poesia de Mario Lago. Neste caso, a história foi escrita em um touro.

Do ponto de vista teórico, quando falamos em ética estamos tratando de uma reflexão filosófica acerca dos valores morais de uma determinada sociedade. Mas uma outra forma mais prática de se entender a ética é considerá-la como a arte da convivência. Afinal, só faz sentido falar em ética se o objetivo for a boa convivência da coletividade. Se essa leitura está correta, então como podemos dizer que foi ética a decisão da B3 de instalar um símbolo de valorização da agressividade financeira e da concentração de riquezas em um país que luta contra a fome, a pobreza e o desemprego? Como isso pode ser bom para a convivência da coletividade num contexto de alta assimetria social? Onde está a ética, ou, em uma linguagem mais atual no mundo corporativo, onde está a empatia nisso tudo?

Soma-se a essa contradição o fato de a B3 se orgulhar de ter um Índice de Sustentabilidade Empresarial que avalia suas empresas. Se a sustentabilidade empresarial é justamente uma forma de prática ética no interior das empresas, como aceitar em sua porta aquele símbolo que representa justamente o oposto da sustentabilidade? Incoerência, hipocrisia ou bipolaridade? Ou o Índice de Sustentabilidade Empresarial não passa de uma propaganda, em uma linguagem mais em voga, de um *greenwashing*?

Uma interpretação psicanalítica talvez pudesse sugerir que o touro paulista não passou de um ato falho que revelou a essência agressiva e predatória de quem mantinha, na aparência, uma imagem sustentável. Será? Uma outra interpretação psicanalítica menos generosa poderia sustentar que não se tratou de um ato falho, mas sim de uma decisão consciente de afirmação da agressividade que é característica dos "vencedores" do mercado financeiro sobre os demais "perdedores" da sociedade. Essa segunda interpretação parece mais próxima da realidade na medida em que, não obstante a participação no Índice de Sustentabilidade Empresarial, essas são as mesmas empresas que, em sua maioria, promovem assimetrias sociais e danos ambientais.

Curiosamente, a polêmica estátua não durou mais do que sete dias. Não pelo fato de os gestores da Bolsa terem ficado com um peso na consciência ou algo do tipo. Tampouco foi em decorrência dos protestos e das manifestações como o churrasco em torno do touro que movimentos sociais fizeram para moradores de rua. A razão foi mais prosaica e burocrática. Descobriu-se que a B3 também atentou contra a ética ao não respeitar a ordem pública e a lei da cidade que impediam a instalação de um touro naquele local. Nenhuma solicitação aos órgãos públicos havia sido feita, o que fez com que a prefeitura de São Paulo decidisse pela imediata retirada da estátua dali.

Moral da história: a sustentabilidade corporativa nada mais é do que a realização da ética na ação cotidiana das empresas. Aqui a expressão "ação cotidiana" é fundamental. Não basta estar no discurso ou na peça publicitária a mensagem de que a empresa pretende ser sustentável e transformadora. Como tudo na vida, o que importa ao fim do dia é a sua prática.

De certo modo, o touro dourado de São Paulo talvez seja um símbolo perfeito para a tradução da enorme desigualdade social brasileira. Não foi por outra razão que uma foto, que vale por mil textos, retratando um catador de lixo passando com seu carrinho de madeira na frente da escultura, repercutiu nas redes sociais e circulou pelo mundo inteiro. É o retrato do extremo oposto do significado da sustentabilidade. Mas um retrato nem sempre revela um filme. Se é verdade que ainda existem muitos que se orgulham da competição sem escrúpulos da especulação no mercado financeiro, também é verdade que começam a crescer as iniciativas corporativas daqueles que se envergonham dessa agressividade e que apostam em boas práticas na direção da sustentabilidade e da boa convivência coletiva em nossas sociedades.

* * *

Em janeiro de 2021, a Ford anunciou o encerramento da produção de seus veículos no Brasil. Uma das fábricas que a montadora fechou estava em Camaçari, na Bahia, onde eram produzidos os modelos EcoSport e Ford Ka. A saída da Ford marcou o fim de um longo ciclo da história brasileira. Para quem não se recorda, a Ford foi a primeira fábrica de automóveis do Brasil, instalada em 1919. Na primeira metade do século XX, a empresa estadunidense chegou até mesmo a criar uma cidade no Pará, a Fordlândia, para produção da borracha de seus pneus. Acabou que aquela experiência deu errado, e ao fim do Governo Getúlio Vargas, em 1945, a atividade em Fordlândia foi interrompida. Porém, a montadora permaneceu por décadas no país até o seu fechamento em 2021. A Ford, principal símbolo do capitalismo degenerativo e poluente baseado nos combustíveis fósseis do século XX, chegou ao seu fim no Brasil.

Dois anos e seis meses se passaram até que, em julho de 2023, o governador da Bahia anunciou que a montadora chinesa BYD assumiria a planta da antiga fábrica da Ford em Camaçari. De acordo com dados de 2023, a BYD é a maior produtora de carros elétricos do mundo. E os elétricos, como sabemos, se apresentam como uma alternativa menos poluente do que os carros tradicionais movidos por combustíveis fósseis não renováveis. Como é de se imaginar, esse acontecimento da substituição da Ford pela BYD no Brasil vai para muito além de uma mera questão comercial. Com efeito, essa história nos permite avaliar a grande questão ambiental de nossa época. Por coincidência, para reafirmar esse argumento, o mesmo mês de julho de 2023 em que a BYD chegou ao Brasil também ficou marcado por um outro acontecimento: o registro do mês mais quente da história do planeta desde que as temperaturas começaram a ser acompanhadas. Sinal claro do aquecimento global provocado pelo atual modo de produção insustentável. São essas mudanças climáticas que cada vez mais orientam uma parcela do mundo empresarial na direção de novas formas produtivas que causem menos impactos ambientais.

Essa pequena narrativa mostra que o mundo corporativo começa a dar sinais de que está atento às questões ambientais. A vida real, todavia, é sempre mais complicada. Em nome da preservação do meio ambiente e do controle das mudanças climáticas, não basta apenas substituirmos carros movidos por gasolina por carros elétricos. Aliás, em alguns países a energia elétrica que move esses novos automóveis é gerada por termoelétricas de carvão, o que é, no mínimo, uma incoerência. Mas não é só isso. Carros elétricos precisam de baterias de lítio, e a exploração do lítio também tem causado enormes impactos socioambientais pelo planeta, seja na Bolívia, seja no Vale do Jequitinhonha em Minas Gerais. Um problema é resolvido, mas outros são criados.

Moral da história: a transição energética – mudar o modo como produzimos atualmente – é uma exigência de nosso tempo e já pode ser vista em algumas transformações da lógica produtiva nesse início de século XXI. Contudo, a dinâmica que a envolve é altamente complexa, pois, às vezes, as boas intenções geram efeitos colaterais, consequências inesperadas e resultados indesejados.

* * *

Se você tem acesso a algum tipo de meio de comunicação – jornal, rádio, televisão ou *internet* –, provavelmente já ouviu falar em fenômenos como as mudanças climáticas e o aquecimento global. Você também já deve ter escutado ou lido em algum lugar sobre práticas, cada vez mais recorrentes neste início do século XXI, como o desenvolvimento sustentável e a sustentabilidade.

Se você é um empresário, ou alguém que atua no mundo corporativo, deve ter tido algum contato com as noções de *triple bottom line* e de *environmental, social and governance*, o ESG. Você até pode não saber exatamente o que significam na prática, mas certamente já passou por todos esses termos.

Mas será que isso tudo não passa de uma moda? A ciência em todo o mundo diz com algum grau de certeza e consenso que não. Pesquisadores das mais diversas nacionalidades, etnias, ideologias e crenças apontam para uma única direção: o planeta em que vivemos não será mais o mesmo se continuarmos a agir da mesma forma como agimos nos dias de hoje. Quando dizem que não será mais o mesmo, querem dizer que será pior. Essa é a razão pela qual expressões como mudanças climáticas, aquecimento global, desenvolvimento sustentável, sustentabilidade e ESG serão cada vez mais ouvidas nas próximas décadas.

Sinais dessa transformação já começam a aparecer em algumas empresas que adotam a sustentabilidade corporativa como prática cada vez mais corriqueira. Há, no entanto, muitas dúvidas ainda entre empresários e acionistas, gestores e trabalhadores, consultores e especialistas, sobre as melhores formas de aplicação dessa sustentabilidade corporativa no dia a dia das empresas. Nos últimos anos, abordagens como as do *triple bottom line* e do ESG tornaram-se usuais, ainda que com complexas operacionalidades e escopos insuficientes para os desafios colocados. Esse é o problema que este livro busca superar.

Se o problema colocado já está claro, ou seja, a insuficiência e complexidade operacional das atuais abordagens da sustentabilidade corporativa, a pergunta que resta é: como construir um novo modelo que seja operacional ao mesmo tempo em que responda às demandas e às exigências de nossa realidade socioambiental do século XXI? O argumento deste trabalho é o de que a solução passa pela criação das chamadas empresas regenerativas. Essas empresas regenerativas atuam de forma simultânea em quatro direções: a governança corporativa inclusiva, o valor compartilhado, o impacto ambiental positivo e a cidadania corporativa. A partir de uma ampla gama de casos, este livro demonstra como iniciativas originais que deveriam compor o portfólio de empresas regenerativas já existem difusamente nas sociedades do século XXI. O que ainda falta é articulá-las e disseminá-las para que ganhem escala e, assim, a transição do modo de produção se torne realidade.

* * *

Este livro parte do pressuposto de que o atual modo de produção capitalista é insustentável de uma perspectiva socioambiental. Também parte do pressuposto de que uma das formas de mudar esse modo de produção é fazer com que a pressão dos *stakeholders* imponha regras de sustentabilidade capazes de oferecer um impacto socioambiental positivo nas sociedades.

Como já foi dito, o livro tem por objetivo geral apresentar um novo conceito de sustentabilidade corporativa – a empresa regenerativa. Partimos da premissa de que a empresa regenerativa deve ser constituída por quatro eixos complementares: a governança corporativa inclusiva, o valor compartilhado, o impacto ambiental positivo e a cidadania corporativa. O livro apresenta definições desses quatros eixos e os ilustra com uma série de casos. Bem compreendidos os conceitos que formam a empresa regenerativa, indicamos um portfólio de ações para empresas interessadas em superar qualitativamente o atual estágio da sustentabilidade corporativa. Assim, o texto articula dialeticamente teoria e prática.

A contribuição é tripla: em primeiro lugar, contribui para a ciência da sustentabilidade com uma atualização do debate sobre a sustentabilidade corporativa; em segundo lugar, para as ciências sociais, com uma abordagem alternativa ao atual modo de produção hegemônico; por fim, para o próprio campo da gestão empresarial, com a sistematização de um portfólio de iniciativas.

Antes de iniciarmos o percurso de apresentação dos achados, cabem algumas palavras sobre o método adotado. Um estudo sobre práticas de sustentabilidade corporativa não pode apenas ter como base o que as próprias corporações dizem que realizam. Fosse assim, bastaria uma análise das práticas listadas nos relatórios de sustentabilidade para concluirmos que todas as empresas praticam em diferentes graus a sustentabilidade corporativa. Todavia, como já demonstraram Inocêncio e Favoreto (2022), o que as empresas dizem que fazem em seus relatórios de sustentabilidade não deve ser confundido com o que realmente fazem.

Com efeito, esse alerta sobre a ciência já havia sido feito na primeira metade do século XIX. Na *Ideologia Alemã*, Marx e Engels (2007, p. 94) apontavam que a ciência não deve partir "daquilo que os homens dizem, imaginam ou representam [...] para, a partir daí, chegar aos homens de carne e osso". Pois a ciência não é especulação, mas sim "a exposição da atividade prática, do processo prático de desenvolvimento dos homens" (Marx; Engels, 2007, p. 95). Da mesma forma, um exame sobre o mundo corporativo não pode partir do modo como as empresas se apresentam em seus sites ou relatórios, mas sim dos impactos socioambientais que geram. A partir desse pressuposto metodológico, a presente pesquisa filtrou, na imprensa, notícias que comprovam impactos socioambientais negativos de empresas que se apresentam como sustentáveis.

Em seu famoso posfácio da segunda edição de *O Capital*, Marx explica que no trabalho científico há uma diferença entre o método de investigação e o método de exposição. Diz ele:

> Sem dúvida, deve-se distinguir o modo de exposição segundo sua forma, do modo de investigação. A investigação tem de se apropriar da matéria [*Stoff*] *em seus detalhes, analisar suas diferentes formas de desenvolvimento e rastrear seu nexo interno. Somente depois de consumado tal trabalho é que se pode expor adequadamente o movimento real (Marx, 2013, p. 90).*

O que Marx quer dizer é que, na ciência, a exposição da pesquisa percorre caminho diverso daquele realizado na investigação. Em termos marxianos, a exposição necessariamente parte do resultado da investigação. Por essa razão, explica Marx (2013, p. 90) que "o observador pode ter a impressão de se encontrar diante de uma construção *a priori*".

O processo de investigação que informou o presente trabalho baseou-se em uma pesquisa qualitativa que articulou um levantamento de literatura, documentos, relatórios e textos de imprensa com casos. A investigação percorreu cinco fases. A primeira fase consistiu em revisar na literatura especializada uma trajetória dos temas da sustentabilidade e da sustentabilidade corporativa de modo a identificar o que há de mais atual do ponto de vista teórico nessa agenda. O objetivo não foi realizar uma "revisão sistemática da literatura", mas sim uma tradicional "revisão de conveniência da literatura"; ou seja, não houve uma preocupação em sistematizar os filtros e as bases de periódicos utilizados, mas tão somente identificar alguns autores, perspectivas e eventos históricos que apareceram com recorrência – sem qualquer mensuração de frequência – na literatura selecionada (Galvão; Ricarte, 2020). Foi assim que surgiu como referencial teórico principal da pesquisa a *economia donut* de Kate Raworth. Uma síntese dessa revisão está apresentada no Capítulo 1.

Da primeira fase de investigação surgiu o seguinte problema: a *economia donut* é provavelmente o que há de mais atual do ponto de vista de uma sustentabilidade corporativa, mas ela claramente é de difícil assimilação prática pelo mundo corporativo. Assim, a segunda fase da pesquisa consistiu em examinar, na literatura, na imprensa e nos relatórios e documentos de empresas, um amplo portfólio de iniciativas empresariais positivas que condizem com o que a *economia donut* propõe. Ao todo, foram identificados trinta temas relevantes para o que entendemos ser a concepção regenerativa da *economia donut*.

A terceira fase da investigação avaliou as características dessas trinta iniciativas e as organizou por afinidades temáticas em quatro categorias. Assim, surgiram os quatro pilares do que definimos como uma empresa regenerativa: governança corporativa inclusiva, valor compartilhado, impacto ambiental positivo e cidadania corporativa. A construção dessas categorias seguiu os critérios de homogeneidade, exclusividade e exaustividade (Carlomagno; Rocha, 2016).

A quarta fase da investigação tratou de reunir, para cada um desses trinta temas, ao menos um caso positivo e um caso negativo que ilustrasse bem o seu significado. Ou seja, os casos não foram aplicados visando à generalização teórica, mas com o objetivo menos ambicioso de "ilustrar uma argumentação, uma categoria ou uma condição" (Alves-Mazzotti, 2006, p. 640). Além disso, buscou-se sempre que possível referenciar teoricamente aquele tema selecionado.

Por fim, a quinta e última fase da investigação teve por objetivo registrar que não foi identificada nenhuma empresa que adotasse plena e conjuntamente todos os trinta temas selecionados que distinguiriam uma empresa regenerativa. Isso caracteriza a originalidade da empresa regenerativa proposta, bem como a insuficiência do atual modelo de sustentabilidade corporativa traduzido no ESG.

Trata-se, portanto, daquilo que Vergara (2010) define como uma pesquisa aplicada, ou seja, motivada a resolver problemas concretos. O método adotado combina revisão de literatura com pequenos estudos de caso. Para cada conceito apresentado é cotejada a bibliografia mais recente com estudos de caso capazes de ilustrá-lo. Todos os casos foram selecionados por uma amostragem por acessibilidade na medida em que, mais importante do que comprovar qualquer aspecto estatístico, foi trazer exemplos de fácil acesso e compreensão capazes de traduzir os conceitos (Vergara, 2010). Em geral, as fontes utilizadas foram bibliográficas, documentais e jornalísticas.

O livro está estruturado em cinco capítulos. O capítulo 1 apresenta um breve histórico do conceito de sustentabilidade, desde a Conferência de Estocolmo na década de 1970 até os dias de hoje; discute a sustentabilidade corporativa, ou seja, a aplicação da sustentabilidade no mundo empresarial e sugere a premissa dos quatros eixos que formam a empresa regenerativa: a governança corporativa inclusiva, o valor compartilhado, o impacto ambiental positivo e a cidadania corporativa. Esse capítulo trata também de temas como a responsabilidade social corporativa, o *triple bottom line*, o ESG e a *economia donut*. Os capítulos seguintes apresentam as definições conceituais e os casos que ilustram os quatros eixos que formam a empresa regenerativa. O capítulo 2 propõe a construção de uma governança corporativa inclusiva. O capítulo 3 indica que empresas sustentáveis devem ser orientadas pela busca de um valor compartilhado. O capítulo 4 discute a ideia de impacto ambiental positivo, apresentando o conceito de economia circular e ações como a gestão de resíduos, a logística reversa e a responsabilidade estendida do produtor. O capítulo 5 traz o quarto pilar da empresa regenerativa, isto é, a cidadania corporativa. Por fim, a conclusão aponta que, não obstante já exista meios objetivos para o nascimento da empresa regenerativa, ela ainda não se tornou uma realidade no mundo corporativo.

* * *

Um livro, como tudo na vida, é a "síntese de múltiplas determinações". No caso, a síntese de múltiplas contribuições. Gostaria de registrar algumas delas.

Em primeiro lugar, é preciso dizer como cheguei até aqui. Logo após concluir meu doutorado em ciências sociais na PUC-Rio, assumi como professor substituto do Departamento de Ciência Política da Universidade Federal do Rio de Janeiro (UFRJ). No período seguinte, dei aulas de "Ética e Sustentabilidade" e "ESG" para o programa de Educação Executiva da Fundação Getúlio Vargas (FGV) e de "Ciência e Sociedade" na Universidade Estadual do Norte Fluminense (Uenf). Algum tempo depois, realizei meu pós-doutorado em Ciências Sociais na Universidade do Estado do Rio de Janeiro (Uerj) sob a supervisão atenta de Clara Araújo. Nesse processo, aprendi muito com Clara e com todos os meus alunos e, por essa razão, deixo para eles o primeiro agradecimento. Muito do que está nesse livro, eles certamente já me ouviram falar em sala de aula.

Deixo meu segundo agradecimento ao Instituto Internacional para Sustentabilidade (IIS) e à Pontifícia Universidade Católica do Rio de Janeiro (PUC-Rio). Após alguns anos no pós-doutorado na Uerj, resolvi fazer, para o espanto dos amigos, um segundo mestrado: o mestrado em Ciência da Sustentabilidade oferecido conjuntamente pela PUC-Rio e pelo IIS. As duas instituições ofereceram o ambiente propício e adequado para o desenvolvimento da pesquisa que agora está presente neste livro. Na defesa, a banca sugeriu de forma unânime que o trabalho fosse transformado em um livro. A PUC-Rio já conhecia de longa data, mas descobrir o IIS foi a grata surpresa dos últimos anos. Porém, instituições não são paredes; são pessoas. E todo esse ambiente saudável se materializa na pessoa da secretária Ana Paula Lima, responsável por tirar das costas dos professores e alunos o peso da burocracia.

Se instituições são pessoas, preciso lembrar de meus professores. Por muito tempo caminhei com Gramsci na linha tênue entre o "otimismo da vontade e o pessimismo da razão". Com Fabio Scarano, inspirado em Ariano Suassuna, aprendi a ser um "realista esperançoso". Com Paulo Branco, percebi que as boas iniciativas já existem; o que falta é darmos escala para elas. Com Bernardo Strassburg, o major Archer do século XXI, entendi que, às vezes, precisamos ceder em algumas de nossas convicções, pois "a prioridade é usar todos os argumentos disponíveis para mobilizar a atenção da sociedade". Com Rafael Soares Gonçalves, obtive ferramentas para uma melhor compreensão da história da desigualdade social em nosso país. Com Alex Solórzano, olhei para a história da natureza de outra forma. Com Sérgio Margulis e José Araruna, aprendi a contar; com Mariela, a planejar; com Scaramuzza, a negociar; e, com Agnieszka, a mensurar. Já com Raísa Vieira, professora e amiga, tenho compartilhado a preocupação socioambiental pela perspectiva dos subalternos. Ruth Espinola Soriano de Mello não foi minha professora, mas esteve em minha banca e foi responsável por comentários generosos e preciosos. Deixo meu agradecimento para todos.

No Mestrado em Ciência da Sustentabilidade convivi com uma turma de colegas que me enriqueceram semanalmente com suas distintas perspectivas e visões de mundo. Obrigado pelo convívio Flávia, Jana, Julia, Manoela, Maria, Nicole, Paula, Pedro, Roberta, Roberto e Simone.

Agradeço pelas contribuições, consultas e críticas que todos me deram nos últimos dois anos na construção deste texto. Todas foram devidamente incorporadas na medida do possível. Mas, como de praxe, eximo-os de todas as falhas que aqui estejam presentes. São todas de minha inteira responsabilidade.

Theófilo Rodrigues
Rio de Janeiro, 15 de outubro de 2023.

Introdução

> *Mas não nos regozijemos
> demasiadamente em face dessas
> vitórias humanas sobre a natureza.
> A cada uma dessas vitórias,
> ela exerce a sua vingança.*
> (Engels, 1979, p. 223)

Em 9 de agosto de 2021, o Painel Intergovernamental sobre Mudanças Climáticas, IPCC na sigla em inglês, o mais importante órgão das Nações Unidas voltado para a ciência do clima, divulgou um relatório de cerca de 3.500 páginas, escrito por centenas de cientistas, que preocupou o mundo inteiro. De acordo com o documento, o planeta já aqueceu 1,2°C e provavelmente excederá 1,5°C de aquecimento nas próximas duas décadas, o que significa que teremos aumento do nível do mar, redução de recursos hídricos, mais secas e incêndios em algumas localidades e mais tempestades em outras partes[2]. Talvez estejamos vivendo exatamente aquilo que Engels (1979, p. 223) previu no século XIX como a vingança da natureza. Tudo isso fez o próprio secretário-geral da ONU, António Guterres, declarar que o documento

---

2. O cálculo do aquecimento de 1,2°C em 2021 é feito tendo como base a temperatura do planeta no início da Revolução Industrial, aproximadamente em 1850.

do IPCC é "um código vermelho para a humanidade"[3]. Esse é o destino do sistema terrestre se continuarmos a fazer as coisas do mesmo jeito, *business as usual*, sem alterarmos profundamente o *status quo* e o modo de produção hegemônico.

O que o relatório do IPCC indica é devastador. Ainda mais se considerarmos que o planeta possui limites que não deveriam ser ultrapassados. A ideia de fronteiras planetárias surgiu em 2009 em um estudo dirigido pelo Centro de Resiliência de Estocolmo com a participação de cientistas internacionalmente renomados. Liderado por Johan Rockstrom, o estudo apontava para a existência de nove fronteiras planetárias: (1) mudanças climáticas, (2) acidificação dos oceanos, (3) poluição química, (4) mudança no uso da terra, (5) mudanças no uso da água, (6) fluxos biogeoquímicos (nitrogênio e fósforo), (7) perda da biodiversidade, (8) aerossol na atmosfera e (9) degradação da camada de ozônio. Para que a humanidade continue operando de modo seguro, essas fronteiras não deveriam ser ultrapassadas. Em outras palavras, a capacidade de resiliência do planeta Terra depende da não violação dessas margens. Resiliência é um conceito chave para essa abordagem. Por resiliência compreende-se a capacidade do planeta lidar com essas mudanças no longo prazo sem perder suas possibilidades de desenvolvimento. As fronteiras planetárias são, portanto, os limites da resiliência. Naquele momento, o próprio estudo da Escola de Estocolmo sugeria que três dessas fronteiras já teriam sido ultrapassadas: as mudanças climáticas, a perda da biodiversidade e os fluxos biogeoquímicos (Rockstrom *et al.*, 2009). Em 2015, o estudo foi atualizado e a violação de uma quarta fronteira foi comprovada: a alteração do uso do solo (Steffen *et al.*, 2015). Finalmente, em 2022, a

---

3. Disponível em: https://news.un.org/pt/story/2021/08/1759292

Escola de Estocolmo descobriu que mais duas fronteiras foram ultrapassadas: a poluição química das chamadas "novas entidades" (Persson *et al.*, 2022) e a água verde como uma subfronteira dentro das mudanças no uso da água (Wang-Erlandsson *et al.*, 2022)[4].

A ciência já tem até mesmo um nome para essa trágica fase de transformações da natureza causadas diretamente pelo homem: Antropoceno. Na escala de tempo geológico, o Holoceno é a época do planeta que teve início há cerca de 12 mil anos, logo após o fim do último período glacial. Contudo, as várias transformações radicais pelas quais a natureza passou nas últimas décadas fez alguns cientistas considerarem a hipótese de que estaríamos em uma transição para uma nova época, qual seja, o Antropoceno[5]. Originalmente, o termo surgiu na década de 1980 com o biólogo Eugene Stoermer, mas foi o ganhador do Prêmio Nobel em química, Paul Crutzen, quem popularizou a ideia de Antropoceno, no início dos anos 2000, como uma nova idade geológica marcada pela intervenção humana na natureza. Com efeito, o artigo escrito conjuntamente pelos dois em 2000, na *Global Change Newsletter*, é, provavelmente, a entrada em cena do conceito na esfera pública (Crutzen; Stoermer, 2000).

Por ser uma formulação recente, e que requer estudos mais aprofundados, não há, até o momento, um consenso científico sobre qual teria sido o início dessa nova época do Antropoceno, o seu marco zero. Em geral, os cientistas assinalam o início do desenvolvimento do capitalismo no século XVIII – em particular o

---

4. Wang-Erlandsson *et al.* (2022) propuseram que a fronteira planetária das "mudanças no uso da água" fosse decomposta em duas subfronteiras: água azul e água verde. A água azul são os rios, lagos e reservas de águas subterrâneas. Já a água verde é composta por precipitações terrestres, evaporação e umidade do solo.

5. Em grego a palavra *antropo* significa humano e *ceno* denota as épocas geológicas. Assim, Antropoceno é a "Época dos Humanos".

advento da Revolução Industrial, do uso dos combustíveis fósseis e da máquina a vapor – como gatilho desse processo (Crutzen; Stoermer, 2000; Rockstrom *et al.*, 2009). Claro, há controvérsias e diferentes contextos. Lewis e Maslin (2015) sugerem que duas datas poderiam ser consideradas marcos de origem: 1610 e 1964. A primeira relaciona-se com a colonização da América; a segunda, com o desenvolvimento econômico pós-Segunda Guerra. Ruíz *et al.* (2018) sustentam que, na região do Sudeste brasileiro, o Antropoceno teve início no século XIX com o ciclo do café no Rio Paraíba do Sul. Já John Mcneill e Peter Engelke publicaram em 2014 o livro *A grande aceleração*, em que traçam uma história do desenvolvimento do Antropoceno tendo como origem a década de 1950; ou seja, o momento imediatamente posterior à Segunda Guerra Mundial, quando houve uma explosão no consumo de energia e no crescimento populacional (McNeill; Engelke, 2014). Curiosamente, o então Presidente Juscelino Kubitschek anunciava, nessa mesma década de 1950, que o Brasil cresceria "cinquenta anos em cinco". Aqui, a grande aceleração também tinha sua vez.

Em verdade, a percepção de que há uma interação entre sociedade e natureza não é nova. Scarano (2020) demonstra como em Confúcio na China 500 anos antes de Cristo, em Aristóteles na Grécia Antiga, ou mesmo na Idade Média, essa separação não fazia sentido. Teria sido no momento de avanço da modernidade e do capitalismo no século XVIII que essa separação teria se concretizado.

Uma primeira interpretação sobre a separação entre homem e natureza potencializada pelo capitalismo foi apresentada por Karl Marx e Friedrich Engels no século XIX. Na *Ideologia alemã*, texto escrito entre 1845 e 1846, Marx e Engels (2007, p. 86-87) alertaram para a falta de sentido desse divórcio, pois "enquanto existirem homens, história da natureza e história dos homens se condicionarão reciprocamente". Já vimos na epígrafe desta Introdução que Engels discutia essa relação e acreditava, inclusive, em uma futura vingança da natureza. Seu parceiro intelectual, Marx, tinha claro para si que a separação entre homem e natureza era uma consequência da propriedade privada. Em suas palavras, o capitalismo "desvirtua o metabolismo entre o homem e a terra" (Marx, 2013, p. 572). Somente a suprassunção positiva da propriedade privada, dizia Marx (2004, p. 105), seria "a verdadeira dissolução do antagonismo do homem com a natureza e com o homem". Marx concordava com o jovem Engels, para quem a sociedade do futuro deveria promover "a reconciliação da humanidade com a natureza e consigo mesma" (Engels, 2021, p. 167). Utilizando dados de um famoso químico alemão do início do século XIX, Justus von Liebig, Marx denunciou a forma como a produção capitalista na Inglaterra destruía a fertilidade permanente do solo e para isso importava elementos agrícolas como terra e fertilizantes de outros países. "Todo progresso da agricultura capitalista", concluía Marx (2013, p. 573), "é um progresso na arte de saquear não só o trabalhador, mas também o solo"[6]. Sobre isso, Engels também já havia registrado como a monopolização da terra por um pequeno número, a comercialização do solo e a exclusão da grande maioria da sua condição de vida eram ações antiéticas. Isso porque a terra, dizia Engels (2021, p. 171), "é a única e primeira condição de nossa existência".

---

6. Influenciada por essa leitura de Marx e Engels, no início do século XXI, ganhou espaço a Escola da Ruptura Metabólica. Liderados por John Bellamy Foster, esses pesquisadores constituem uma das mais atuais linhagens do marxismo ecológico (cf. Foster, 2015).

No início do século XX, Max Weber (2004) talvez tenha explicado isso de outra forma quando apontou para um processo de racionalização e desencantamento do mundo que ocorreu no período de avanço do capitalismo. Por um lado, esse processo de racionalização tem por base um individualismo cuja consequência, alguém poderia concluir, é o divórcio entre sociedade e natureza. Por outro, essa racionalização gera especialização, e a natureza se torna mero objeto de investigação da ciência. Mas, do ponto de vista ambiental, tratava-se de uma leitura incipiente, embrionária.

O geoquímico soviético Vladimir Vernadsky foi, provavelmente, o primeiro a sistematizar de forma mais clara essa noção de unidade. Autor dos conceitos de biosfera na década de 1920 e de noosfera na década de 1930, Vernadsky desconstruiu a dicotomia homem/natureza e sustentou que o pensamento científico é uma energia transformadora da biosfera[7]. Como o pensamento científico emerge como uma nova força geológica, a própria biosfera se transforma; dessa transformação surge a noosfera (Vernadsky, 1997). Ademais, não é ocioso lembrar que um dos grandes intelectuais da primeira geração de soviéticos, Nicolai Bukharin – sociólogo que Lenin (1979, p. 51) definiu em seu testamento político como "o teórico mais valioso e destacado do partido" – tenha se apropriado de Vernadsky para dizer no "II Congresso Internacional de História da Ciência e da Tecnologia", em Londres, realizado em 1931, que, "ao viver e trabalhar na biosfera, o homem social remodelou radicalmente a superfície do planeta" (Bukharin, 2021, p. 07).

---

7. Mais precisamente, o termo "biosfera" havia surgido no fim do século XIX na obra do geólogo austríaco Eduard Suess, mas foi Vernadsky quem o reformulou e popularizou.

Mais tarde, na década de 1970, James Lovelock e Lynn Margulis desenvolveram ideia análoga à teoria de Gaia. Porém, avançaram: para eles, a Terra é uma forma de vida. Essa forma de vida ganhou o nome da deusa grega da terra, Gaia. Na metáfora de Lovelock (2006, p. 140), Gaia "age como uma mãe que acalenta os filhos, mas é cruel com os transgressores, mesmo que sejam sua própria prole". Aliás, o título de um de seus livros é *A vingança de Gaia*, o que nos lembra mais uma vez do aviso de Engels no século XIX.

Mobilizado pelo ocorrido em Chernobil[8], Ulrich Beck reafirmou com vigor essa ideia em meados da década de 1980 ao defender o conceito de sociedade de risco: "a natureza não pode mais ser concebida sem a sociedade, a sociedade não mais sem a natureza" (Beck, 2011, p. 98). A preocupação de Beck consistia em demonstrar como a sociedade de risco do fim do século XX era diferente daquela sociedade industrial clássica do século XIX, baseada na contraposição entre natureza e sociedade. Sob esse registro, sugere Beck, a destruição da natureza é a própria destruição da sociedade.

Em fins da década de 1990, Berkes e Folke (1998) cunharam o termo sistemas socioecológicos como forma de demonstrar que a separação entre sociedade e natureza seria artificial e arbitrária[9]. Um passo adiante foi dado a partir dos anos 2000, quando a primeira mulher vencedora do prêmio Nobel de economia, Elinor Ostrom (2007), organizou uma forma de operacionalizar estudos sobre sistemas socioecológicos, ou, como ela prefere, um Arcabouço de Diagnóstico dos Sistemas Socioecológicos – SES Framework.

---

8. Refere-se ao acidente nuclear ocorrido na Usina de Chernobil em 1986.
9. O termo "sistema socioecológico" já era utilizado nos anos setenta, mas foi com Berkes e Folke em 1998 que foi mais bem desenvolvido e propagandeado.

Mais recentemente, Liu *et al.* (2013) atualizaram essa percepção ao desenvolverem a noção de *telecoupling*. Esses autores sustentaram que não há apenas uma interação natureza/sociedade no interior de um mesmo sistema socioecológico, mas que sistemas diferentes interagem; ou seja, estão integrados ou acoplados em escala global. Quando a poeira do deserto do Saara na África atravessa o oceano Atlântico pelo ar e afeta recifes de coral no Caribe, temos um exemplo de *telecoupling*. Quando a China decide aumentar sua importação de soja do Brasil, e com isso aumenta o desmatamento na Amazônia ou no Cerrado, também temos um caso de *telecoupling*. Em outras palavras, tudo está interligado.

Mais recentemente, um debate acalorado no meio científico tomou conta das páginas da conceituada revista *Nature*, tendo como pano de fundo diferentes formas da ciência lidar com a relação homem/natureza. Nas últimas décadas, os cientistas da biodiversidade utilizaram termos como "serviços ecossistêmicos" ou "serviços da natureza" como forma de incluir a natureza na contabilidade econômica de países e empresas. A racionalidade por trás do termo era pragmática: ao operar a natureza por meio de valores econômicos, seria mais fácil convencer governos e corporações sobre a necessidade de preservar o meio ambiente. Contudo, em 2018, um grupo de cientistas da Plataforma Intergovernamental da Biodiversidade e Serviços Ecossistêmicos, o Ipbes na sigla em inglês, optou por substituir o conceito de "serviços ecossistêmicos", considerado muito utilitarista, por um outro mais holístico: as "contribuições da natureza para as pessoas" (Díaz *et al.*, 2018). O objetivo desse novo conceito seria incluir dimensões mais sociais nas análises da natureza, como os conhecimentos das comunidades indígenas, por exemplo. Em tais culturas, diz o ex-membro do painel científico de especialistas do Ipbes, Sebsebe Demissew, "não faz sentido atribuir um valor monetário a uma floresta ou a um rio porque eles fazem parte do corpo inteiro. É como perguntar para um humano: 'qual o preço do seu rim?'" (Masood, 2018, p. 424, tradução nossa).

Em última instância, poderíamos dizer que o conceito de "contribuições da natureza para as pessoas" também não resolve o problema, pois mantém uma separação entre "pessoas" e "natureza" como dimensões distintas. Ademais, a própria ideia de que a natureza contribui para as pessoas ainda ressoa em certo utilitarismo. Como bem observaram Muradian e Gómez-Baggethun (2021, p. 4, tradução nossa), "é revelador que a abordagem tenha escolhido a metáfora 'a contribuição da natureza para as pessoas' e não, por exemplo, as obrigações das pessoas para com a natureza". Mas isso talvez seja o menos importante. Ainda que, do ponto de vista de uma sinergia entre homens e natureza, a expressão "contribuições da natureza para as pessoas" possa ser mais precisa do que os "serviços ecossistêmicos", vale lembrar da poesia de Leminski quando diz que "En la lucha de clases / todas las armas son buenas / piedras / noches / poemas". Por essa razão, faz sentido concordar com Strassburg (2018, p. 309, tradução nossa) quando sustenta que "a prioridade é usar todos os argumentos disponíveis para mobilizar a atenção da sociedade".

Por óbvio, essa não é uma história linear. Ou melhor, essa não é a única história. Outras sociedades no sul global já haviam chegado nessa mesma conclusão muitos séculos antes. Entre os povos indígenas dos Andes esse encontro entre sociedade e natureza é conhecido como uma divindade chamada *Pachamama*. O direito da *Pachamama*, inclusive, está registrado nas Constituições do Equador e da Bolívia (Zaffaroni, 2012). Algo semelhante acontece com o *ubuntu* em países sul-africanos, com o *swaraj* na Índia, com o *sumak kawsay* no Equador e com o *teko porã* do povo Guarani no Brasil (Acosta, 2016; Mota, 2017; Scarano, 2019).

Todas essas abordagens descritas até aqui caminham na mesma direção: a de apontar para a íntima relação entre sociedade e natureza e, consequentemente, para a profunda dependência dos seres humanos em relação aos sistemas socioecológicos. Claro, há quem acredite, como Hobsbawm (1995, p. 548), ser uma fantasia impraticável "o retorno à suposta simbiose primitiva entre homem e natureza". A questão é que não se trata de um retorno a uma "simbiose primitiva", como diz Hobsbawm, mas sim de uma evolução na direção de uma nova simbiose entre homem e natureza, mediada pela tecnologia, pela ciência e pela cultura da sustentabilidade. Claro, sem esquecermos das origens. Como bem percebe E. P. Thompson (1998, p. 23), "nunca retornaremos à natureza humana pré-capitalista: mas lembrar como eram seus códigos, expectativas e necessidades alternativas pode renovar nossa percepção da gama de possibilidades implícita no ser humano".

Essa *Introdução* foi aberta com uma epígrafe de Engels retirada de sua *Dialética da natureza*. Ali, o intelectual alemão observava, já no século XIX, que aquilo que o homem considera sua vitória sobre a natureza gera consequências: a vingança da natureza. Em suas palavras,

> E assim, somos a cada passo advertidos de que não podemos dominar a Natureza como um conquistador domina um povo estrangeiro, como alguém situado fora da Natureza; mas sim que lhe pertencemos, com a nossa carne, nosso sangue, nosso cérebro; que estamos no meio dela; e que todo o nosso domínio sobre ela consiste na vantagem que levamos sobre os demais seres de poder chegar a conhecer suas leis e aplicá-las corretamente (Engels, 1979, p. 224).

Se essa abordagem está correta, ou seja, de que tudo depende do conhecimento das leis da natureza e de aplicá-las corretamente, então toda ação humana deve prezar pela reprodução socioambiental sustentável, ou, como alguns preferem, pela resiliência da natureza. Mas não é isso o que temos visto até agora.

Que a ação humana é a responsável por essas transformações da natureza não há dúvidas. O que ainda não é consensual é se a melhor conceituação desse processo é o Antropoceno. Com alguma razão, uma parcela da literatura apresenta alguns questionamentos acerca da generalização do Antropoceno. Afinal, como constata o escritor uruguaio Eduardo Galeano (2011), "se somos todos responsáveis, ninguém é". Então, quem é o homem responsável por tudo isso? São todos os homens? Os homens e mulheres das tribos indígenas do Amazonas são também responsáveis? Ou seriam os Krenak no Rio Doce em Minas Gerais? Qual a parcela de culpa dos Maori na Nova Zelândia e dos inuítes no Ártico? Ou dos Daasanach na Etiópia?

Essas perguntas provocadoras apontam para uma incômoda verdade: não são todos os homens os culpados pela crise socioambiental em que nos metemos, mas sim aqueles que gerem ou geriram, nos últimos três séculos, o modo de produção capitalista. Seguindo os passos de Chico Mendes, Eduardo Galeano (2011) aponta para o problema: "a ecologia neutra, que mais se parece com a jardinagem, torna-se cúmplice da injustiça de um mundo, onde a comida sadia, a água limpa, o ar puro e o silêncio não são direitos de todos, mas sim privilégios dos poucos que podem pagar por eles". Em outras palavras, a culpa é dos empresários e dos acionistas que colocaram o lucro e a acumulação de riquezas acima de tudo, mas também dos Estados nacionais que permitiram que isso ocorresse sem regulamentações mais sérias. Com efeito, mais do que de pessoas específicas, a responsabilidade é do sistema. "A crise econômica e a crise ecológica resultam do mesmo fenômeno: um sistema que transforma tudo – a terra, a água, o ar que respiramos, os seres humanos – em mercadoria, e que não conhece outro critério que não seja a expansão dos negócios e a acumulação de lucros", defende Löwy (2013, p. 79-80). Essa é a razão pela qual o sociólogo estadunidense Jason Moore forjou, em 2013, o termo "Capitaloceno" no lugar de Antropoceno (Moore, 2017). Ao identificar o processo de transformações da natureza com o advento do Capital, Moore retorna até ao século XVI. Alguém poderia argumentar que países socialistas, como a China, também afetam a natureza com seu modo de produção, mas isso não é contraditório com o conceito de Capitaloceno. Afinal, o problema não é o capitalismo, mas sim o Capital. A China, como país socialista em fase inicial de transição, adota o Capital em seu modo de produção, ainda que aponte para a superação dessa lógica no futuro[10].

O Capitaloceno, contudo, também não é o único conceito alternativo ao Antropoceno. Há, por exemplo, quem prefira o termo "Plantationoceno" para identificar essa época de "crescente ferocidade na produção global de carne industrializada, no agronegócio da monocultura e nas imensas substituições de florestas multiespecíficas, que sustentam tanto os humanos quanto os não humanos, por culturas que produzem, por exemplo, óleo de palma" (Haraway, 2016, p. 144). Outros, como o decolonial Malcom Ferdinand (2022, p. 79), adotam o "Negroceno" para designar "a era em que a produção do Negro visando expandir

---

10. José Eustáquio Diniz Alves está entre os autores que argumentam que países socialistas também contribuem para as mudanças climáticas. O artigo de Alves, no entanto, ignora a permanência da lógica do Capital em sociedades socialistas de transição (Alves, 2020).

o habitar colonial desempenhou um papel fundamental nas mudanças ecológicas e paisagísticas da Terra"[11].

Independentemente do nome que seja adotado, o que todos concordam é que a responsabilidade é do modo como produzimos. E, se não alterarmos esse modo de produção, o planeta Terra não será mais o mesmo. Se tudo isso faz sentido, então temos apenas duas alternativas, no tempo presente, para salvarmos o planeta: ou o Estado, de cima para baixo, impõe medidas cada vez mais rígidas sobre a produção econômica – planejamento, projetamento, comando e controle –, ou então o próprio mundo corporativo, de baixo para cima, por pressão dos *stakeholders*, impõe a si próprio regras de sustentabilidade capazes de oferecer um impacto positivo nas sociedades. Alguns poderão dizer que esse segundo caminho não passa de um idealismo, de uma utopia. Os empresários e acionistas jamais aceitarão por conta própria a pressão dos *stakeholders* para reduzir seus lucros imediatos em nome da preservação da espécie, argumentarão os críticos do sistema. Afinal, como diz Kurz (2002), "é uma ilusão que a economia industrial deva renegar seu próprio princípio. O lobo não vira vegetariano, e o capitalismo não vira uma associação para a proteção da natureza e para a filantropia".

Até pode ser verdade, mas, como bem alerta Löwy (2005, p. 47), "não ter ilusões sobre a possibilidade de 'ecologizar' o capitalismo não quer dizer que não possamos empreender o combate pelas reformas imediatas".

No início do século XIX, as descrições sobre o funcionamento do capitalismo eram assustadoras: jornadas diárias de 16 horas, trabalho infantil recorrente, condições de insalubridade etc. Se

---

11. Para os decoloniais, a questão racial é determinante para explicar a constituição da Modernidade/Colonialidade no sistema-mundo.

alguém dissesse, naquele momento, que um dia o capitalismo teria jornadas diárias de 8 horas, proibição de trabalho infantil etc., talvez ninguém acreditasse. Talvez dissessem que tudo isso não passaria de uma utopia ou de um idealismo, mas foi o que ocorreu. Hoje há, em praticamente todos os países, embora em graus variados, regulações rígidas de jornadas de trabalho, proibições de emprego infantil e garantias de salubridade. Claro, muito mais pela pressão dos trabalhadores do que pela vontade dos patrões, mas o fato é que aquele cenário trabalhista trágico mudou para melhor, mesmo que ainda haja muito a ser feito.

Assim como os trabalhadores impulsionaram as transformações que melhoraram as relações trabalhistas nos séculos XIX e XX, será que os atuais *stakeholders* não seriam capazes de impulsionar as mudanças sustentáveis necessárias para o século XXI? Não há por que duvidar dessa hipótese, não obstante só o tempo possa comprová-la. No momento, é possível indicar caminhos positivos para que *stakeholders* pressionem e orientem o mundo corporativo na direção da sustentabilidade.

1
Teoria da sustentabilidade

> *O desenvolvimento sustentável já é a grande utopia contemporânea.*
> (Veiga, 2017, p. 245)

A história da Ilha de Páscoa se tornou bem conhecida quando Jared Diamond (2005) a incluiu em seu livro *Colapso*. Para nosso objetivo, vale a pena ser rememorada. Embora pertença ao Chile atualmente, a Ilha de Páscoa está localizada no meio do Oceano Pacífico a cerca de 3.700km de distância do continente sul-americano. Do outro lado da ilha, com cerca de 2.000km de distância, estão as ilhas da Polinésia. A ilha tem uma área pequena de quase 170km², praticamente o mesmo tamanho da cidade de Natal, uma das menores capitais do Brasil. Seus principais atrativos turísticos, e que tornam a ilha conhecida, são as centenas de rostos esculpidos em estátuas gigantes de pedras, os *Moais*, que em média possuem 4 metros de altura e pesam 10 toneladas. A ilha permaneceu desocupada até mais ou menos 900 d.C., quando algumas dezenas de navegantes vindos de outras ilhas da Polinésia teriam alcançado o território, que era coberto por uma floresta subtropical. Estima-se que essa população cresceu, nos séculos seguintes, até o ponto máximo de aproximadamente 15 mil habitantes por volta do século XVII. Ao crescer a população, cresceu também a complexidade social. A sociedade se organizou em clãs que disputavam pacificamente entre si para provar suas habilidades. E a construção dos *Moais* era, seguramente, o auge dessa disputa. Carregar pedras enormes que pesavam 10 toneladas por longas distâncias, como fizeram os nativos, não era uma tarefa simples. Para realizar essa empreitada, eram necessárias muitas madeiras e cordas para o transporte; madeiras essas que eram obtidas nas florestas da ilha. Árvores e mais árvores eram derrubadas para a confecção dos instrumentos e da infraestrutura. Naquele momento, a vegetação era abundante e árvores não faltavam para isso.

A essa altura você já deve ter percebido como a história vai terminar. Quase um século depois, em 1722, o explorador holandês Jacob Roggeveen chegou em *Rapa Nui*, como os nativos chamam a ilha, num domingo de Páscoa: daí vem seu nome atual, dado pelos novos colonizadores. Em seu diário, Roggeveen descreveu uma ilha árida, com pequenos arbustos e pouquíssimos habitantes desnutridos que praticavam o canibalismo. Com o desmatamento, as terras deixaram de ser férteis, os animais pereceram e não havia mais como construir barcos para pesca. Séculos de desmatamento para garantir a reprodução das disputas entre clãs na construção dos *Moais* levaram a ilha à exaustão. Com a exaustão dos recursos naturais, a própria sobrevivência da espécie se tornou impraticável.

Os habitantes da Ilha de Páscoa certamente não foram sustentáveis. Afinal de contas, uma prática sustentável teria observado uma boa gerência dos recursos disponíveis na ilha, de modo que eles nunca acabassem. Os habitantes da Ilha de Páscoa, no entanto, dificilmente poderiam ser acusados de irresponsáveis socialmente ou mesmo antiéticos. Eles, provavelmente, nunca tiveram acesso ao conhecimento científico ou cultural necessário para compreender as consequências dos seus atos.

Mas e nós no século XXI? Dotados de conhecimentos científicos avançados que comprovam os danos possíveis que podemos causar na natureza e na própria reprodução da espécie, seremos antiéticos e irresponsáveis socialmente se agirmos como os antigos habitantes da Ilha de Páscoa. Isso nos leva à seguinte questão: o que devemos fazer para evitar esse erro? A resposta mais aceita nas últimas décadas é simples: praticar a sustentabilidade.

1.1 O que é sustentabilidade?

Há poucas flores na Ilha das Flores[12].

A questão ambiental começou a emergir com força no debate público em fins da década de 1960, mais precisamente em 1968, ano de grande efervescência social no cenário internacional. Em Paris, protestos estudantis tomavam conta das universidades. Nos Estados Unidos, manifestações pelos direitos civis e contra a Guerra do Vietnã ocupavam as ruas. No Brasil, a luta era pela democracia e contra a ditadura militar que avançava com o Ato Institucional n. 5. No âmbito acadêmico, Garrett Hardin publicava, em 1968, na revista *Science*, o ensaio *A tragédia dos comuns* em que denunciava o problema da superexploração individualista dos recursos comuns. Nesse mesmo momento,

---

12. Frase pronunciada no filme *Ilha das Flores*, sobre o lixão localizado na Ilha das Flores, no sul do Brasil. O filme, considerado pela Associação Brasileira de Críticos de Cinema como o melhor curta-metragem brasileiro da história, mostra os impactos sociais e ambientais da desigualdade, como a necessidade dos mais pobres de comer restos do lixo.

James Lovelock começava a desenvolver sua teoria de Gaia, que alguns anos depois seria publicada em parceria com Lynn Margulis, para defender, de forma poética, a indissociabilidade entre natureza e sociedade. Foi nesse rico e turbulento contexto que a Unesco realizou em Paris a Conferência Intergovernamental de Especialistas sobre as Bases Científicas para o Uso Racional e a Conservação dos Recursos da Biosfera, ou simplesmente, a Conferência da Biosfera de 1968. Também foi em 1968 que se reuniu o chamado Clube de Roma. Por iniciativa do industrial italiano Aurelio Peccei e do cientista escocês Alexander King, um grupo de trinta personalidades se reuniu na cidade de Roma, na Itália, para discutir a questão do meio ambiente. Esse grupo encomendou para pesquisadores do Instituto de Tecnologia de Massachusetts, MIT, liderado por Donella Meadows, a elaboração de um relatório capaz de oferecer bases científicas para as preocupações do Clube de Roma. Esse relatório foi publicado em 1972 com o título *Os limites do crescimento* e se tornou um verdadeiro *best seller* da questão ambiental. Em síntese, o documento sustentava, baseado em modelos matemáticos, que o planeta entraria em colapso se mudanças nos hábitos humanos não fossem empreendidas (Meadows et al., 1973).

A publicação de *Os limites do crescimento*, em 1972, não foi trivial: naquele ano ocorreu a Conferência das Nações Unidas sobre o Meio Ambiente Humano, conhecida como Conferência de Estocolmo. Essa conferência foi a primeira grande reunião de chefes de Estado organizada pela ONU para debater a questão ambiental. Historicamente, a Conferência de Estocolmo foi importante por ter trazido o tema do meio ambiente para uma discussão internacional pela primeira vez. Contudo, de um modo geral, foram conquistados poucos avanços, já que o conflito entre países desenvolvidos e países em desenvolvimento impediu maiores consensos. Entre os principais resultados da Conferência, está a criação do Programa das Nações Unidas para o Meio Ambiente, o Pnuma.

Tanto o Clube de Roma quanto a Conferência de Estocolmo geraram certos impactos nos governos nacionais. Nos Estados Unidos, o presidente Richard Nixon criou, em 1970, a Agência de Proteção Ambiental, uma agência federal responsável pela proteção do meio ambiente. No mesmo ano, do outro lado do Atlântico, o Reino Unido formou uma Secretaria de Estado para o Meio Ambiente. Na França, um ministério para a proteção da natureza foi criado em 1971. Também em 1971, o Canadá criou um Departamento de Meio Ambiente. No Brasil, até mesmo a insensível ditadura militar abriu, em 1973, uma Secretaria Especial de Meio Ambiente vinculada ao Ministério do Interior[13]. Já a Agência de Meio Ambiente da Alemanha surgiu em 1974, mesmo ano em que se estabeleceu em Portugal um Ministério do Equipamento Social e do Ambiente. Não é coincidência, portanto, que todos esses países tenham passado a ter uma preocupação ambiental exatamente no mesmo momento.

Tudo isso fez com que, no início da década de 1980, mais precisamente em 1983, a ONU criasse uma Comissão Mundial sobre Meio Ambiente e Desenvolvimento, sob a presidência da norueguesa Gro Brundtland. Essa comissão sistematizou o debate internacional sobre desenvolvimento e meio ambiente que vinha sendo aprofundado desde a Conferência de Estocolmo. De modo geral, a comissão tinha três objetivos:

---

13. Paulo Nogueira Neto foi o primeiro presidente da Secretaria Especial de Meio Ambiente no Brasil. Dez anos depois, foi indicado como representante brasileiro na Comissão Mundial sobre Meio Ambiente e Desenvolvimento que elaborou o Relatório Brundtland.

(1) reexaminar as questões críticas relativas ao meio ambiente e ao desenvolvimento e formular propostas realizáveis para abordá-las;

(2) propor novas formas de cooperação internacional nos campos do meio ambiente e do desenvolvimento, de modo a orientar políticas e ações no sentido das mudanças necessárias;

(3) dar a indivíduos, organizações voluntárias, empresas, institutos e governos uma compreensão maior desses problemas, incentivando-os a uma atuação mais firme (Brundtland *et al.*, 1991, p. 4).

Assim surgiu o Relatório Brundtland, em 1987, documento síntese dos debates da comissão. Intitulado *Nosso futuro comum*, o relatório trouxe à luz a primeira definição conceitual de desenvolvimento sustentável: por desenvolvimento sustentável compreende-se o desenvolvimento que satisfaz as necessidades presentes, sem comprometer a capacidade das gerações futuras (Brundtland *et al.*, 1991).

Bom que se diga que essa concepção intergeracional da sustentabilidade proposta pelo Relatório Brundtland não foi nada original. Veja o que disse um autor mais de cem anos antes da publicação do *Nosso futuro comum*: "Mesmo uma sociedade inteira, uma nação, ou, mais ainda, todas as sociedades contemporâneas reunidas não são proprietárias da Terra. São apenas possuidoras, usufrutuárias dela, e, como *boni patres familias* [bons pais de famílias], devem legá-la melhorada às gerações seguintes" (Marx, 2017, p. 836). Ou seja, já no século XIX, Marx defendia a ideia de que todas as sociedades deveriam deixar o planeta melhor para as gerações seguintes. Infelizmente, demorou mais de um século para a comunidade internacional registrar como resolução global a formulação intergeracional de Marx.

Seja como for, essa acepção intergeracional tem sido adotada com frequência nas últimas três décadas. No Brasil, por exemplo, essa definição de desenvolvimento sustentável influenciou diretamente a Constituição de 1988. Embora a expressão "desenvolvimento sustentável" não apareça no texto constitucional, o art. 225 afirma, claramente, a preocupação com as futuras gerações:

> Art. 225. Todos têm direito ao meio ambiente ecologicamente equilibrado, bem de uso comum do povo e essencial à sadia qualidade de vida, impondo-se ao Poder Público e à coletividade o dever de defendê-lo e preservá-lo para as presentes e futuras gerações (Brasil, 1988).

Nesse mesmo ano de 1988, por iniciativa do Pnuma, a ONU criou o Painel Intergovernamental sobre Mudanças Climáticas, IPCC na sigla em inglês, sob a presidência do climatologista sueco Bert Bolin. O objetivo do IPCC é sistematizar o conhecimento científico mais avançado sobre as mudanças climáticas e o aquecimento global, riscos reais que a sustentabilidade precisa combater e, assim, informar qualitativamente as decisões políticas. Esse é um ponto importante: o IPCC não produz um conhecimento próprio, mas sim reúne o que há de consenso internacional na ciência do clima, a partir de artigos revisados por pares. Esse método tem sido fundamental para a sua credibilidade (Leite, 2015). Para termos ideia de sua relevância, em 2007, o IPCC recebeu o Prêmio Nobel da Paz pelo trabalho desenvolvido. Infelizmente, não obstante seu reconhecimento e sua legitimidade, ainda há quem prefira ignorar o alerta de seus relatórios sobre os perigos do aquecimento global.

Hobsbawm (1995) demarcou a queda do Muro de Berlim em 1989 como o fim do século XX. Poderíamos acrescentar que, nesse mesmo ano de 1989, o desastre ambiental causado pelo navio petroleiro Exxon Valdez, no Alasca, também deveria ser considerado um marco de transição. Milhares de barris de petróleo foram derramados no mar, o que causou uma indignação global na medida em que as imagens de animais mortos eram transmitidas ao vivo para o mundo inteiro[14]. Tudo isso fez com que, do ponto de vista ambiental, as coisas começassem a mudar com maior ênfase no cenário internacional a partir da década de 1990.

Vinte anos após a realização da Conferência de Estocolmo e cinco anos após a publicação do Relatório Brundtland, a ONU convocou a Conferência das Nações Unidas sobre o Meio Ambiente e o Desenvolvimento, também conhecida como ECO-92 ou Rio-92, com a participação de 179 países. Diferentemente do que ocorreu em 1972, dessa vez os países conseguiram articular maior consenso em torno da pauta ambiental. Certamente a proximidade temporal com o Relatório Brundtland e com o acidente do Exxon Valdez estimulou esse consenso. Entre seus principais resultados estão a publicação da Agenda 21 e a criação de três Convenções: da Biodiversidade; do Clima; e da Desertificação. A Agenda 21 foi um documento amplo pelo qual cada país participante – governo, empresas e sociedade civil – se comprometeu com o desenvolvimento sustentável. Esse documento já previa que o desenvolvimento sustentável só seria possível com a contribuição das comunidades locais e, por essa razão, recomendava a construção de Agendas 21 locais. No Brasil, essa Agenda 21 nacional começou a ser elaborada em 1997 e foi concluída em 2002, com ampla participação social (Novaes, 2003).

Outro resultado da ECO-92 que merece atenção foi o tratado conhecido como Convenção Quadro das Nações Unidas para as

---

14. O desastre de Bopal na Índia, em 1984, e o acidente nuclear de Chernobil na Ucrânia, em 1986, completam esse infeliz cenário da década de 1980.

Alterações Climáticas, ou, simplesmente, a Convenção do Clima. Esse tratado internacional tem por objetivo a estabilização dos gases do efeito estufa na atmosfera. O Primeiro Relatório do IPCC, que havia sido divulgado em 1990, serviu de base científica para essa decisão. Inicialmente, esse tratado não fixou limites obrigatórios de emissões, pois esses deveriam ser regulados por novos protocolos aprovados em encontros anuais chamados de Conferências das Partes, COP. A COP 1 aconteceu em 1995, em Berlim. Mas foi a COP 3, realizada em Quioto, no Japão, em 1997, a edição que ficou mais conhecida. Pelo Protocolo de Quioto, os países que o ratificassem deveriam reduzir até 2012 as emissões de gases do efeito estufa em, pelo menos, 5,2% em relação aos níveis de 1990. Além disso, o Protocolo de Quioto criou o Mecanismo de Desenvolvimento Limpo, MDL. O MDL é um instrumento pelo qual países em desenvolvimento elaboram projetos de sequestro de carbono ou de redução de emissões de gases do efeito estufa que geram créditos que podem ser vendidos para países desenvolvidos no mercado global, os créditos de carbono. Em outras palavras, trata-se de uma forma dos países ricos financiarem projetos de desenvolvimento sustentável dos países menos ricos. Bom que se diga que o Brasil foi protagonista nas negociações que culminaram no dispositivo do MDL (Moreira; Giometti, 2008).

Inspirada pelo início do novo século, a ONU organizou em 2000 a Cúpula do Milênio, reunião que estabeleceu um conjunto de objetivos e metas a serem cumpridos até 2015. Esses objetivos ficaram conhecidos como os Objetivos de Desenvolvimento do Milênio, ODM. Ao todo foram oito objetivos delineados: (1) acabar com a fome e a miséria; (2) oferecer educação básica de qualidade para todos; (3) promover a igualdade entre os sexos e a autonomia das mulheres; (4) reduzir a mortalidade infantil; (5) melhorar a saúde das gestantes; (6) combater a Aids, a malária e outras doenças; (7) garantir qualidade de vida e respeito ao meio ambiente; e (8) estabelecer parcerias para o desenvolvimento. Esses 8 objetivos se subdividiam ainda em 21 metas que deveriam ser compartilhadas por Estados nacionais, empresas e sociedade civil.

Na academia, a noção de sustentabilidade também avançava não apenas como projeto político, mas como ciência. Embora sua prática já estivesse em vigor, podemos dizer que uma "ciência da sustentabilidade" foi inaugurada com o artigo de Kates *et al.* (2001), publicado na revista *Science*. Naquele pequeno texto, os autores concluíram que essa nova ciência deveria promover o aprendizado social que será necessário para navegar na transição para a sustentabilidade. A ciência da sustentabilidade seria, portanto, a ferramenta guia para que governos, sociedade civil e empresas caminhassem na direção da sustentabilidade.

Não obstante a grande propaganda em torno dos ODM e da ciência da sustentabilidade, a primeira década do século XXI, não foi de grandes avanços. Em 2001, o governo de George W. Bush nos Estados Unidos se negou a ratificar o Protocolo de Quioto, o que causou preocupação na comunidade internacional (Viola, 2003). A decisão foi irresponsável, considerando-se que, naquele mesmo ano de 2001, havia sido divulgado o Terceiro Relatório do IPCC com fortes evidências da participação humana no aquecimento global. A temperatura média da superfície da Terra, dizia o IPCC, aumentou cerca de 0,6°C entre 1861 e 2000. No ano seguinte, a Rio+10, nome pelo qual ficou conhecida a Conferência das Nações Unidas sobre o Meio Ambiente e o Desenvolvimento realizada em 2002, em Johanesburgo, na África do Sul, não trouxe muitas novidades em relação à anterior[15] (Diniz, 2002; Pott; Estrela, 2017). É relevante ressaltar que uma das razões do fracasso

---

15. Rio+10 é uma referência aos dez anos da ECO-92.

foi o *lobby* contra a conferência promovido por grandes indústrias do petróleo e gás, como a ExxonMobil (Guimarães; Fontoura, 2012). Aliás, esse *lobby*, que também conta com outras empresas como a Shell e a BP, tem sido presença constante em defesa do negacionismo científico nas últimas décadas (McGrath 2019).

O Quarto Relatório do IPCC, em 2007, trouxe ainda mais evidências sobre o aquecimento global. Dessa vez, o documento apontou que entre 1850 e 2005 o aumento da temperatura foi de 0,76ºC. Com isso, as pressões pró-sustentabilidade cresceram na esfera pública. Em 2010, a 10ª Conferência da Diversidade Biológica ocorrida no Japão estabeleceu o Plano Estratégico para a Biodiversidade com a elaboração de um conjunto de vinte proposições voltadas à redução da perda da biodiversidade denominadas Metas de Aichi.

Em 2012, duas grandes preocupações internacionais mobilizaram as Nações Unidas. Em primeiro lugar, era preciso avaliar o que fazer com o Protocolo de Quioto que estava programado para terminar naquele ano. Esse foi o tema da COP 18 em Doha, no Qatar, que aprovou a Emenda de Doha, estendendo a vigência do Protocolo de Quioto até 2020. Em segundo lugar, era necessário que fosse aberta entre os países uma discussão sobre a substituição dos ODMs, que terminariam em 2015. Esse foi o debate central da Conferência das Nações Unidas sobre Desenvolvimento Sustentável, realizada no Rio de Janeiro, também conhecida como Rio+20. Diferentemente do que ocorreu na Rio-92 e na Rio+10, agora o nome Conferência das Nações Unidas sobre o Meio Ambiente e o Desenvolvimento foi substituído por Conferência sobre Desenvolvimento Sustentável, mudança terminológica que indicou o espírito do tempo. Entretanto, o resultado da Rio+20 não foi o esperado. Houve, inclusive, quem dissesse, de forma provocadora, que a conferência deveria ter sido chamada de Rio-20, já que "não produziu avanço significativo algum em relação à Rio-92, exceto o de manter o desafio do desenvolvimento sustentável na agenda de preocupações da sociedade, mas com um decisivo divórcio entre discursos e compromissos concretos por parte dos governos" (Guimarães; Fontoura, 2012, p. 20).

Em 2013, a COP 19 realizada em Varsóvia, na Polônia, avançou em relação ao MDL do protocolo de Quioto ao aprovar o princípio da Redução de Emissões por Desmatamento e Degradação, ou, simplesmente, REDD+. Diferentemente do MDL, o REDD+ busca valorizar de forma mais clara a preservação de ecossistemas florestais. Trata-se, em geral, de um fomento à prática de Pagamentos por Serviços Ambientais, PSA, embora outros modelos também possam ser adotados (Salles; Salinas; Paulino, 2017). No Brasil, o Fundo Amazônia, gerido pelo BNDES, é o responsável por captar os recursos internacionais destinados pelo REDD+ junto aos governos da Alemanha e da Noruega.

A preocupação apontada pela COP 19 se tornou mais evidente em 2014 com a divulgação do Quinto Relatório do IPCC. Esse documento confirmou, com ainda maior certeza, que o homem é o responsável pelo aquecimento global, que o planeta aqueceu em média 0,85°C entre 1880 e 2012 e que o nível do mar subiu 19cm entre 1901 e 2010. O Quinto Relatório apontou também que o maior vilão do aquecimento global é a emissão de gás carbônico. Assim, a noção de Antropoceno ganhou ainda mais legitimidade científica.

Esse cenário assustador apontado pelo IPCC em 2014 aumentou a importância das ações que deveriam ser tomadas no ano seguinte. Em primeiro lugar, a COP 21, em 2015, aprovou o Acordo de Paris como instrumento para substituir o Protocolo de Quioto em 2020. Seu objetivo principal é reduzir as emissões de gases de efeito estufa para limitar o aquecimento global em 2°C, preferencialmente em 1,5 °C. Em segundo lugar, as Nações Unidas aprovaram a Agenda 2030 com os Objetivos do Desenvolvimento Sustentável, ODS, em substituição aos ODM, cujo prazo havia vencido em 2015. A Agenda 2030 é formada por 17 objetivos e por169 metas que precisam ser alcançadas até 2030. Os dezessete objetivos são: (1) erradicação da pobreza; (2) fome zero e agricultura sustentável; (3) saúde e bem-estar; (4) educação de qualidade; (5) igualdade de gênero; (6) água potável e saneamento; (7) energia acessível e limpa; (8) trabalho decente e crescimento econômico; (9) indústria, inovação e infraestrutura; (10) redução das desigualdades; (11) cidades e comunidades sustentáveis; (12) consumo e produção responsáveis; (13) ação contra a mudança global do clima; (14) vida na água; (15) vida terrestre; (16) paz, justiça e instituições eficazes; e (17) parcerias e meios de implementação[16].

Nesse contexto, sinais dessa mudança aconteciam até mesmo no interior da Igreja Católica. Não foi por acaso que, em 2013, a Igreja tenha tido o seu primeiro papa de nome Francisco na história. São Francisco, como sabemos, é para os católicos o santo protetor dos animais e da natureza. Mas não foi apenas uma mudança de nome do pontífice. Em 2015, mesmo ano do lançamento dos ODS, o Papa Francisco lançou a Encíclica *Laudato Si'*, documento que expressa a preocupação da Igreja com o consumismo irrefreável, com a degradação da biodiver-

---

16. Já há, inclusive, quem defenda a criação de um 18.º ODS. Em seu discurso na abertura da Assembleia Geral das Nações Unidas, em 2023, o presidente do Brasil, Luiz Inácio Lula da Silva, propôs a criação do ODS 18 – Igualdade racial. Há também quem defenda um ODS 19 – Arte, Cultura e Comunicação e um ODS 20 – Direitos dos Povos Originários e das Comunidades Tradicionais.

sidade e com o aquecimento global. É preciso cuidar de nossa casa comum, o planeta, diz a encíclica do Papa Francisco. Na ocasião em que foi divulgada a *Laudato Si'*, a jornalista Naomi Klein – "feminista judia secular", como ela mesma se define – foi convidada para participar de uma coletiva de imprensa no Vaticano. Crítica da Igreja e uma das maiores ativistas do combate às mudanças climáticas, Klein saiu de lá com a ideia de que algo novo estava ocorrendo. Ela avaliou:

> se uma das instituições mais antigas e mais tradicionais do mundo pode mudar seus ensinamentos e práticas de maneira rápida e radical, como Francisco está tentando, então certamente todos os tipos de instituições mais novas e mais flexíveis também podem mudar (Klein, 2021, p. 153).

Com os ODS e o Acordo de Paris, a sociedade global parece ter emitido um sinal positivo em favor da sustentabilidade. Claro, há percalços. Em 2020, o governo de Donald Trump retirou os Estados Unidos do Acordo de Paris, péssima decisão se considerarmos que os Estados Unidos representam a maior emissão de gases do efeito estufa no planeta. Apesar disso, esse posicionamento negacionista não durou mais de um ano, pois com a posse de Joe Biden, em 2021, o país retornou ao Acordo. Em paralelo, o IPCC divulgou seu Sexto Relatório nesse mesmo ano de 2021. E a notícia não foi nada boa: o aquecimento global atingiu aumento de 1,1°C entre 1850 e 2020 e algumas de suas consequências na natureza já se tornaram irreversíveis, como a extinção de espécies e o derretimento de geleiras no Ártico. O Sexto Relatório apontou ainda para a tendência de o aquecimento alcançar a indesejável marca de 1,5°C em 2030.

Por outra via, tudo o que o IPCC sempre alertou foi confirmado pelo primeiro relatório da Plataforma Intergovernamental sobre Biodiversidade e Serviços Ecossistêmicos apresentado em Paris em 2019 – Ibpes na sigla em inglês[17]. De acordo com o Ibpes, o desmatamento crescente de florestas e o mau uso do mar, a poluição, a exploração insustentável de organismos e as mudanças climáticas têm aproximado o planeta de um limite na biodiversidade que pode ter como consequência a extinção de cerca de 1 milhão de espécies animais e vegetais nas próximas décadas. Esse relatório foi produzido com a colaboração de 145 autores especialistas de cinquenta países a partir da revisão sistemática de cerca de 15 mil fontes científicas e governamentais, ou seja, seus resultados expressam certo consenso científico em torno do tema (Jacobi; Lauda-Rodriguez; Milz, 2019). Não foi por outra razão que a ONU declarou, em 2019, o período de 2021 a 2030 como a Década da Restauração dos Ecossistemas e que em 2021 a COP 26 tenha aprovado a Declaração sobre Florestas e Usos do Solo[18]. Não se trata apenas de parar o desmatamento; precisamos urgentemente investir em reflorestamento. Isso só ocorrerá se, como recomenda Strassburg (2021), redirecionarmos os recursos das atividades indutoras de degradação para a restauração. Tudo isso informou a realização da COP 15 da Biodiversidade em Montreal, que aprovou o Novo Marco Global da Biodiversidade. Esse novo marco substituiu as Metas de Aichi e apresentou 23 metas para serem cumpridas até 2030. O Quadro 1 sintetiza essa trajetória da agenda da sustentabilidade:

---

17. O Ibpes é uma organização intergovernamental criada em 2012 com suporte das Nações Unidas e voltada para os assuntos da biodiversidade e dos ecossistemas. Possui um papel similar ao que o IPCC desempenha em relação às mudanças climáticas.

18. O artigo de Strassburg *et al.* (2019) foi uma peça fundamental para a decisão da ONU de instituir a Década de Restauração dos Ecossistemas. Os autores criaram um inovador modelo operacional de otimização de áreas a serem restauradas a partir de um equilíbrio entre eficiência econômica e ecológica.

Quadro 1 – Trajetória da agenda da sustentabilidade (1968-2022)

Ano	Evento	Resultado
1968	Clube de Roma e Conferência da Biosfera	
1972	Conferência de Estocolmo	Criação do Pnuma
1983	Comissão Mundial sobre Meio Ambiente e Desenvolvimento	Sistematização do debate internacional sobre desenvolvimento e meio ambiente.
1987	Relatório Brundtland	Primeira definição conceitual de "desenvolvimento sustentável"
1988	Criação do IPCC	Maior credibilidade para a ciência do clima.
1989	Acidente do Exxon Valdez	Comoção pública internacional.
1992	ECO-92	Agenda 21 e Convenções do Clima, da Biodiversidade e da Desertificação.
1997	COP 3 do Clima	Protocolo de Quioto
2000	Cúpula do Milênio	Objetivos do Desenvolvimento do Milênio
2001	Kates et al. inauguram a "Ciência da sustentabilidade" com artigo na Science.	Aquecimento global de 0,6° C entre 1861 2001 Terceiro Relatório do IPCC e 2000.
2007	Quarto Relatório do IPCC	Aquecimento global de 0,76°C entre 1850 e 2005.
2010	COP 10 da Biodiversidade	20 Metas de Aichi

2012	COP 18 do Clima	Emenda de Doha
2012	Rio+20	
2013	COP 19 do Clima	REDD+
2014	Quinto Relatório do IPCC	Aquecimento global de 0,85°C entre 1880 e 2012
2015	COP 21 do Clima	Acordo de Paris
2015	Assembleia Geral da ONU	17 Objetivos do Desenvolvimento Sustentável
2019	Primeiro Relatório do Ibpes	Possível extinção de cerca de 1 milhão de espécies animais e vegetais nas próximas décadas.
2019	Assembleia Geral da ONU	Década da Restauração dos Ecossistemas (2021-2030)
2021	Sexto Relatório do IPCC	Aquecimento global de 1,1°C entre 1850 e 2020
2022	COP 15 da Biodiversidade	23 Metas do Marco Global da Biodiversidade

Fonte: Elaboração própria do autor.

Como vimos até aqui, a sustentabilidade exige que haja uma enorme sinergia global entre Estados, corporações e sociedade civil. Os Estados nacionais precisam urgentemente implementar políticas públicas e regulações em favor de um desenvolvimento sustentável. A sociedade civil precisa estabelecer novas práticas de consumo. E o mundo corporativo necessita mudar seu modelo de negócios e seu modo de produção. Claro, disso surge uma questão: será que esses três entes – Estados nacionais, empresas e sociedade civil – possuem a mesma responsabilidade? Alguns dizem que o papel prioritário para a realização da sustentabilidade é dos Estados nacionais pela ampla capacidade de investimento e de regulação. "São eles – e não o setor privado e/ou o voluntariado que se constituem em instâncias capazes de ir desamarrando os nós que obstam à desconcentração de renda", defende Rezende (2008). Em relação às mudanças climáticas, diz Giddens (2010, p. 23), "o Estado será um ator importantíssimo, uma vez que inúmeros poderes continuam em suas mãos, quer falemos de política interna, quer de política internacional". Ao defender o papel do Estado na implementação de políticas ecológicas, Hobsbawm (1995, p. 548) é assertivo quando diz que o equilíbrio entre desenvolvimento e preservação dos recursos é "incompatível com uma economia mundial baseada na busca ilimitada do lucro por empresas econômicas dedicadas, por definição, a esse objetivo, e competindo umas com as outras num mercado livre global". Uma outra interpretação sugere que a responsabilidade principal reside na sociedade civil. Quando o público recompensa empresas com bons comportamentos e rejeita empresas com péssimas atitudes, as coisas mudam. Defensor dessa abordagem da responsabilidade da sociedade civil, Diamond (2005, p. 579) acredita que "as mudanças nas atitudes do público serão essenciais para as mudanças nas práticas ambientais das empresas". Há ainda os que sustentam que as empresas, mais do que governos ou sociedade civil, são as únicas organizações capazes de nos conduzir a um mundo sustentável nos próximos anos (Hart, 2010).

Provavelmente as três interpretações estão erradas e certas ao mesmo tempo. Não há dúvidas de que todos os três setores possuem responsabilidades e aportes necessários para alcançarmos a sustentabilidade. Mas é muito empobrecedor acreditar no protagonismo único de apenas um determinado conjunto desses atores. Talvez seja mais sofisticado e enriquecedor entender a sustentabilidade como a interação entre os três, em uma dinâmica complementar e necessária. Dito isso, sem ignorar a importância das mudanças de comportamento na sociedade civil e de implementação de políticas públicas no Estado, este livro examina o papel do setor empresarial para a construção de uma sustentabilidade corporativa.

1.2 Trajetória da sustentabilidade corporativa

O novo negócio dos negócios são os negócios sustentáveis[19].
(Erwin Laszlo)

Como acabei de dizer, o desenvolvimento sustentável ou, se preferirmos, a sustentabilidade, depende de uma enorme sinergia entre Estados nacionais, sociedade civil e corporações. Em geral, a interação entre esses três entes se dá de três formas distintas. Um primeiro caminho possível ocorre quando novas demandas emergem no seio da sociedade civil que pressiona o Estado a operacionalizar as mudanças necessárias, seja com políticas públicas, seja com regulamentações impostas ao setor corporativo. Em geral, legislações trabalhistas são conquistas que caminharam nessa direção. Na Inglaterra do século XIX, por exemplo, as condições de trabalho no interior das fábricas eram as mais brutais: trabalho infantil, jornada exaustiva, condições de insalubridade. Foi o movimento trabalhista no país, por meio de greves e protestos, que impôs ao Estado a edição de leis que obrigassem as empresas a adotarem melhores práticas.

Um segundo caminho se dá quando as próprias corporações se adiantam em relação ao Estado, ou interagem com ele, e implementam elas próprias as mudanças positivas necessárias para

---

19. Disponível em: https://www.ipea.gov.br/acaosocial/article1768.html?id_article=107

a construção de uma sociedade um pouco mais saudável. Claro, não há ingenuidade aqui: em geral, se as empresas agem assim, não é somente por boa vontade, mas por entenderem que essas mudanças podem melhorar seus negócios. O senso de oportunidade frente aos desafios da conjuntura orienta esse processo. O fordismo nos Estados Unidos, na primeira metade do século XX, talvez tenha sido um exemplo desse segundo caminho. Para aumentar a produção e o consumo, Ford apostou no aumento salarial de seus funcionários (Gramsci, 2007). Ao mesmo tempo, no Brasil, o industrial Jorge Street, dono de fábricas de tecelagem em São Paulo, teve a iniciativa própria de construir moradias populares de qualidade para seus operários, a famosa Vila Maria Zélia (Moraes Filho, 1980). Enfim, de formas distintas, essas duas vias alcançam transformações relativamente positivas, embora em escalas diversas[20].

Há ainda um terceiro tipo de interação, mas que resulta em transformações negativas: penso em um tipo de cenário em que as corporações capturam o Estado em nome da manutenção de um *status quo* contrário aos interesses da sociedade civil. Esse foi o caso do rádio. No início do século XX, o rádio era um instrumento de lazer amador distribuído difusamente nas sociedades. Qualquer pessoa poderia comprar os equipamentos necessários, seguir as instruções de revistas especializadas e transmitir em seus próprios rádios. Ao perceber sua potencialidade, empresas, como a Westinghouse, resolveram atuar no setor: começaram a vender

---

20. Não devemos ignorar o fato de que esse segundo caminho, quando as empresas tomam a iniciativa de realizar as mudanças, tem seus problemas. No caso do fordismo, por exemplo, o aumento salarial ocorreu tendo como contrapartida "uma forma de consumo da força de trabalho e uma quantidade de força consumida no mesmo tempo médio que são mais gravosas e extenuantes do que em outros locais" (Gramsci, 2007, p. 274).

rádios domésticos e, além disso, passaram a transmitir programas e vender espaços para propagandas. O rádio se tornou uma mina de ouro. Na década de 1920, essas empresas consolidaram um certo oligopólio no setor e conquistaram legislações que impossibilitaram o uso independente das frequências de rádio na sociedade. Hoje, como todos sabemos, rádios comunitárias são perseguidas pelo Estado por atrapalharem o sinal das concessões públicas que as grandes empresas possuem (Dantas, 2002). Certamente esse terceiro cenário não é adequado para a sustentabilidade.

O que essas três vias têm em comum é o fato de que, em última instância, as mudanças precisam necessariamente ocorrer nas corporações. Afinal, como já vimos, há um certo consenso entre os cientistas de que os grandes problemas que enfrentamos atualmente no meio ambiente dizem respeito ao modo de produção que estabelecemos nos últimos dois séculos. Quando as empresas adotam transformações positivas na direção da sustentabilidade, sem a exigência de contrapartidas danosas para a sociedade e para a natureza, chamamos de sustentabilidade corporativa.

Resta, então, a pergunta: qual das duas interações positivas, sociedade-Estado-corporações, é melhor para o avanço da sustentabilidade corporativa? Será que o melhor seria a sociedade civil pressionar o Estado para impor mudanças nas empresas? Ou será que as empresas, em diálogo com a sociedade civil e com o Estado, não poderiam por si só operar as mudanças necessárias sem exigir contrapartidas insustentáveis? Há um provérbio chinês que diz algo mais ou menos assim: "não importa a cor do gato, o que importa é que ele cace o rato". Tomando esse provérbio como referência, alguém poderia dizer que tanto faz como as empresas chegarão na sustentabilidade corporativa, se por iniciativa própria ou se por pressão da sociedade e do Estado. O que importa é que elas cheguem lá.

Antes de avançarmos para outras experiências, vejamos como tem se dado a trajetória das empresas em direção à sustentabilidade corporativa no cenário internacional. Até a década de 1970, mais ou menos, o negacionismo em torno da questão ambiental era recorrente. A poluição decorrente das atividades econômicas era aceita como um mero custo do progresso. Algo começou a mudar a partir dos anos setenta. Já vimos que esse foi o momento de uma certa inflexão – Clube de Roma, Conferência de Estocolmo etc. – que proporcionou a criação de agências ambientais de regulação em diversos países. Com isso, as empresas começaram a ser obrigadas a mitigar seus impactos negativos e pagar por seus erros. Se, por um lado, essa mudança foi positiva como instrumento de mitigação no curto prazo, por outro, fomentou a seguinte consciência: a questão social e ambiental servia apenas para reduzir os lucros. Nos anos oitenta, contudo, essa percepção se alterou. Ficou cada vez mais claro para os executivos que a gestão da qualidade, a prevenção dos riscos e a ecoeficiência poderiam gerar reduções de custos. Esses gestores também perceberam que os desempenhos corporativo, econômico e social não precisariam estar divorciados. O que era uma obrigação se tornou uma oportunidade. Entretanto, ser apenas mais verde já não era o suficiente. A partir dos anos noventa, um novo entendimento passou a se consolidar: além das melhorias incrementais na gestão de qualidade dos produtos, era preciso que a agenda corporativa fosse além, era preciso seguir em busca da sustentabilidade (Hart, 2010).

Aquele recorrente negacionismo em torno da questão ambiental, que vigorou até os anos setenta, teve, inclusive, um certo suporte na teoria econômica então dominante, a chamada teoria do acionista ou teoria dos *shareholders*. Essa teoria remonta à obra clássica de Adam Smith no século XVIII, *A riqueza das nações*, mas foi na segunda metade do século XX que ganhou sua mais conhecida feição. Em *Capitalismo e liberdade*, livro de 1962, Milton Friedman (2014) dizia com todas as palavras: "há uma e só uma responsabilidade social do capital – usar seus recursos e dedicar-se a atividades destinadas a aumentar seus lucros". De acordo com essa teoria econômica, a responsabilidade social seria inimiga dos interesses corporativos ou, como preferia Friedman (2014) na linguagem conservadora da época, "seria uma doutrina fundamentalmente subversiva". Friedman não era qualquer economista. Ele ganhou o prêmio Nobel de economia em 1976, e sua teoria neoliberal deu suporte, na década de 1980, para os governos conservadores de Margareth Thatcher, no Reino Unido, e Ronald Reagan, nos Estados Unidos. De acordo com Friedman (2014), "há poucas coisas capazes de minar tão profundamente as bases de nossa sociedade livre do que a aceitação por parte dos dirigentes das empresas de uma responsabilidade social que não a de fazer tanto dinheiro quanto possível para seus acionistas".

Atualmente, essa perspectiva defendida por Friedman não é apenas obsoleta e contra a sustentabilidade, mas também é impopular. Um levantamento feito na Grã-Bretanha, em 2017, mostrou que as pessoas que concordam com a afirmação de Friedman de que o único objetivo empresarial é o lucro perdem de três para um em relação às que acreditam que o lucro deveria ser apenas uma consideração entre outras no interior das empresas (Collier, 2019). Como se vê, essa teoria econômica neoliberal não é nada popular e soa até mesmo como antidemocrática. Talvez não seja coincidência que o primeiro governo que a implementou como política de Estado na história tenha sido a ditadura de Augusto Pinochet no Chile da década de 1970[21].

---

21. Justamente por ser impopular, a agenda neoliberal precisa estar articulada com outras agendas mais populares, como a do neoconservadorismo, para chegar ao poder pela via eleitoral. Esse foi o caso do bolsonarismo no Brasil (Rodrigues; Galetti, 2022; Rodrigues; Silva, 2021).

A melhor resposta contra Friedman apareceu em meados da década de 1980 com a teoria das partes interessadas de Edward Freeman, ou, simplesmente, a teoria dos *stakeholders*. De acordo com Freeman (1984), a responsabilidade social de uma empresa não é apenas gerar lucros para os acionistas. É preciso que a empresa considere também os *stakeholders,* ou seja, os clientes, os parceiros, os fornecedores, os prestadores de serviço, a comunidade em que está inserida, os trabalhadores e seus sindicatos etc.

Com o passar dos anos, essa teoria foi se desenvolvendo e incorporando novas variáveis. No início da década de 1990, Carroll apresentou sua pirâmide da responsabilidade social corporativa como um modelo representativo básico a ser seguido pelas empresas. De acordo com Carroll (1991), essa pirâmide está estruturada em quatro responsabilidades: econômica, legal, ética e filantrópica. A base da pirâmide é a responsabilidade econômica, a partir da qual as demais se assentam, tendo a filantropia como a sua ponta final. A Figura 1 ilustra o significado da pirâmide.

Figura 1 – A pirâmide da responsabilidade social corporativa de Archie Carroll

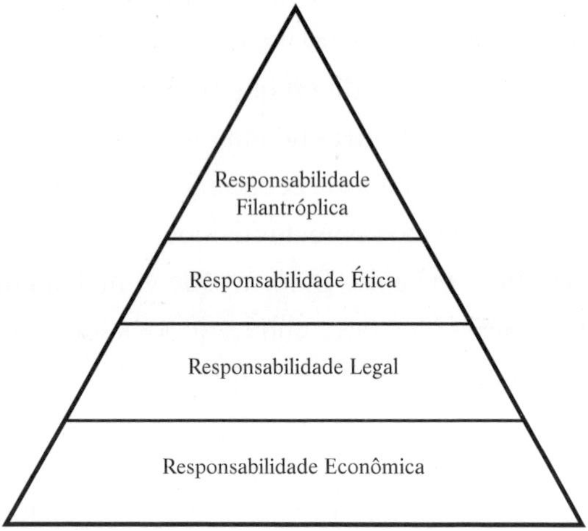

Fonte: Elaboração do autor, a partir de Carroll (1991).

Embora a pirâmide de Carroll tenha sido importante para a responsabilidade social corporativa por conectar essas diferentes dimensões do mundo empresarial, algumas críticas poderiam ser direcionadas a ela. Em primeiro lugar, não fica claro, em nenhum momento, o papel que a questão ambiental tem a cumprir. Claro, é importante considerar o contexto. A pirâmide de Carroll é de 1991, um ano antes da ECO-92, quando a questão ambiental emergiu com toda a sua força. Em segundo lugar, ao estabelecer a responsabilidade econômica como a base da pirâmide, fica a sensação de que essa seja a dimensão mais importante, como se houvesse uma hierarquia entre elas, ainda que essa não seja a intenção de Carroll. Em terceiro lugar, o modelo piramidal não permite encontrar sobreposições, intersecções entre os quatro domínios. Em quarto lugar, ao colocar a base legal como anterior à base ética a pirâmide aceita o chamado duplo padrão, ou seja, uma empresa pode flexibilizar sua ética de acordo com o que a legislação de cada país permite. Por fim, em quinto lugar, há uma valorização exagerada na filantropia, algo que a literatura já demonstrou não ser a melhor abordagem para a responsabilidade social.

Alguns desses problemas da pirâmide de Carroll foram resolvidos em 1997 com o conceito de *Triple Bottom Line* formulado por John Elkington, em seu clássico *Canibais com garfa e faca*. Diferentemente de Carroll, para quem a base econômica seria a base de todas as demais responsabilidades, para Elkington (2001) não existe uma primazia: as dimensões econômica, ambiental e social possuem a mesma importância e precisam ser conjugadas em equilíbrio. Elkington não utiliza o termo filantropia, mas sim sustentabilidade. Essa sustentabilidade se encontra justamente no ponto de intersecção entre os pilares econômico, ambiental e social. Além disso, Elkington valoriza mais do que Carroll a questão ambiental. Embora Elkington não a represente exatamente assim, a imagem mais comum do *Triple Bottom Line* é essa apresentada pela Figura 2. O desenvolvimento sustentável é precisamente o ponto de interseção entre os três conjuntos do Diagrama de Venn, ou seja, a ação sustentável é aquela que incorpora simultaneamente as dimensões social, ambiental e econômica.

Figura 2 – O *Triple Bottom Line* de John Elkington[22]

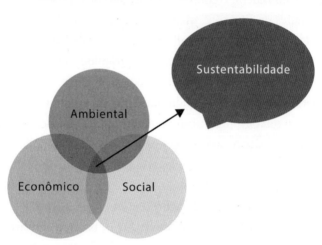

Fonte: Elaboração própria do autor, a partir de Elkington (2001).

Como podemos ver, a assimilação da ideia de sustentabilidade no mundo empresarial vem numa crescente. Um passo muito importante nessa direção foi dado em 2000 quando as iniciativas deixaram de ser esparsas, difusas e desconexas e passaram a ser articuladas em um grande movimento internacional. Esse foi o objetivo do Pacto Global, proposto pelo então secretário-geral da ONU, Kofi Annan, para as empresas de todo o planeta. Esse Pacto Global advoga dez princípios universais que estão segmentados em quatro grandes temas conforme o Quadro 2 abaixo.

---

22. Para Elkington (2001), o *triple bottom line*, ou resultado triplo, significa que a ação sustentável é aquela que incorpora simultaneamente as dimensões social, ambiental e econômica.

Quadro 2 – Os dez princípios do Pacto Global da ONU

Direitos Humanos	1. As empresas devem apoiar e respeitar a proteção de direitos humanos reconhecidos internacionalmente.
	2. As empresas devem assegurar-se de sua não participação em violações destes direitos.
Trabalho	3. As empresas devem apoiar a liberdade de associação e o reconhecimento efetivo do direito à negociação coletiva.
	4. Todas as formas de trabalho forçado ou compulsório devem ser eliminadas.
	5. O trabalho infantil deve ser efetivamente abolido.
	6. A discriminação no emprego deve ser eliminada.
Meio ambiente	7. As empresas devem apoiar uma abordagem preventiva aos desafios ambientais.
	8. Iniciativas para promover maior responsabilidade ambiental devem ser desenvolvidas.
	9. O desenvolvimento e a difusão de tecnologias ambientalmente amigáveis devem ser incentivados.
Anticorrupção	10. As empresas devem combater a corrupção em todas as suas formas, inclusive extorsão e propina

Fonte: Elaboração do autor, com informações disponíveis em: https://www.pactoglobal.org.br/10-principios

Evidentemente, o Pacto Global não é um instrumento regulatório, mas sim um conjunto de diretrizes para serem seguidas voluntariamente. Esses dez princípios funcionam como um guarda-chuva geral que possui a flexibilidade necessária para se articular com outras agendas conjunturais. Quando foi lançado, em 2000, o Pacto Global estava vinculado aos Objetivos de Desenvolvimento do Milênio. Desde 2015, quem assina o Pacto se compromete também com os 17 Objetivos do Desenvolvimento Sustentável.

Intérpretes desse processo de transformação corporativa da virada do século, Vergara e Branco (2001) definiram como empresas humanizadas as companhias que não estão preocupadas somente com a maximização do retorno para os acionistas. No âmbito interno, dizem Vergara e Branco (2001, p. 20), as empresas humanizadas

> promovem a melhoria na qualidade de vida e de trabalho, visando à construção de relações mais democráticas e justas, mitigam as desigualdades e diferenças de raça, sexo ou credo, além de contribuírem para o desenvolvimento e crescimento das pessoas.

Já do ponto de vista externo,

> as ações dessas empresas buscam a eliminação de desequilíbrios ecológicos, a superação de injustiças sociais, o apoio a atividades comunitárias, enfim, o que se convencionou chamar de exercício da cidadania corporativa (Vergara; Branco, 2001).

No início do século XXI, tudo isso ganhou um novo nome: ESG. Esta é a sigla em inglês para *Environmental, Social and Governance*, uma abordagem que prioriza aspectos ambientais, sociais e de governança no interior das empresas. Na prática, trata-se de uma apropriação do *triple bottom line* pelo mundo corporativo. Essas três letras passaram a ter ampla divulgação a partir de 2004 quando a ONU publicou o relatório *Who cares wins* com recomendações para o mercado financeiro. Nesse documento de apenas 58 páginas, a sigla ESG aparece 116 vezes, o que demonstra sua importância. O relatório foi o resultado de um chamado feito pelo então secretário-geral da ONU, Kofi Annan, para que cerca de vinte instituições financeiras de nove países, sob a supervisão do Pacto Global, pensassem conjuntamente diretrizes para a integração corporativa das questões ambientais, sociais e de governança no setor[23]. Umas das

---

23. O Banco do Brasil consta como uma das vinte instituições que participaram da elaboração do relatório.

conclusões é a de que a mudança só ocorrerá se todos os atores do mercado financeiro unirem forças para uma melhor integração dos fatores ESG. E diz ainda que os analistas financeiros e os profissionais de investimento devem ter um papel de liderança porque eles são os especialistas em melhor posição para mostrar como as questões ESG impactam no valor da empresa. No relatório, as grandes instituições financeiras que o subscreveram assumiram o compromisso de levar as diretrizes do ESG não apenas para seus clientes, mas também para outras partes interessadas, como empresas, investidores, bolsas de valores e o Fórum Econômico Mundial. Essa foi a razão pela qual não demorou para que o ESG se tornasse recorrente no vocabulário empresarial desde então[24].

O relatório da ONU de 2004 foi o marco de origem do ESG. Porém, foi em 2018, com a carta anual do CEO da BlackRock, Larry Fink, que o ESG alcançou outro patamar de popularização. Como maior empresa gestora de ativos do mundo, a opinião da BlackRock funciona como uma bússola para gestores e executivos dos mais diversos países. Anualmente, Fink publica uma carta com as diretrizes de investimentos da empresa para aquele ano. A de 2018 dizia claramente:

> a capacidade de uma empresa de gerenciar questões ambientais, sociais e de governança demonstra a liderança e a boa governança que são essenciais para o crescimento sustentável, e é por isso que estamos cada vez mais integrando essas questões em nosso processo de investimento[25].

A carta trazia ainda, para o centro da preocupação da BlackRock, as partes interessadas, os *stakeholders*. "Acredito que a carta viralizou porque acho que a sociedade estava pedindo isso", avaliou Fink (Edgecliffe-Johnson, 2019).

---

24. A íntegra do relatório se encontra em UNITED NATIONS GLOBAL COMPACT, 2014.
25. Disponível em: https://ccbrasil.cc/blog/um-senso-de-proposito/

O movimento da BlackRock ganhou escala em 2020 quando o Fórum Econômico Mundial em Davos, sob a liderança de seu fundador e presidente, Klaus Schwab, articulou a velha teoria dos *stakeholders* com o ESG em torno do novo conceito de Capitalismo *Stakeholder*. O Fórum Econômico Mundial criou até mesmo métricas para esse Capitalismo *Stakeholder* baseado em quatro pilares: governança, planeta, pessoas e prosperidade. Nesse Capitalismo Stakeholder, diz Schwab (2023, p. 194), "empresas buscam lucro e criação de valor a longo prazo".

Claro, há ainda empresas arcaicas que ignoram tudo isso e preferem seguir com Friedman como literatura de cabeceira. No saguão do Bear Stearns, banco de investimentos cujo colapso causou a grande crise financeira de 2008 nos Estados Unidos, havia a placa contendo a seguinte mensagem: "a única coisa que fazemos é ganhar dinheiro" (Collier, 2019, p. 83). Essa cultura corporativa fez com que seus funcionários apostassem em irresponsáveis lucros imediatos cobertos de riscos que poderiam causar prejuízos futuros. Esses funcionários discípulos de Friedman estavam seguindo à risca a cultura empresarial expressa no lema gravado no saguão de entrada da empresa. O resultado? O dia dos prejuízos futuros chegou, a empresa faliu e levou com ela todo o sistema financeiro estadunidense. Não é exagero dizer, portanto, que o principal legado de Friedman foi a grande crise da economia internacional de 2008.

Não obstante a anedota do Bear Stearns represente ainda uma realidade no mundo corporativo, o fato é que as coisas estão mudando. Infelizmente, o ritmo ainda é muito devagar. O título do famoso livro de Elkington, *Canibais de faca e garfo*, parte da pergunta feita pelo poeta polonês Stanislaw Lec: "É progresso canibal usar garfo?" Elkington acredita que sim. Ainda que não diga exatamente com essas palavras, Elkington parece acreditar de forma resignada que, assim como um canibal não deixará de se alimentar da mesma espécie, o capitalismo não deixará de ser um modo de produção baseado na exploração do trabalho. Se isso é verdade, então que pelo menos o capitalismo use garfo e faca, preserve o meio ambiente e gere benefícios sociais. Esse entendimento de Elkington podia fazer sentido na década de 1990, quando foi formulado. Naquele momento, ainda se acreditava que adaptação às mudanças climáticas e mitigação dos impactos negativos seriam o suficiente para um futuro sustentável. Contudo, se é verdade tudo o que os relatórios do IPCC e do Ibpes nas últimas duas décadas têm apontado, como vimos na seção anterior, então isso já não é mais o suficiente. Não basta mais ensinar canibais a utilizarem garfo e faca; é preciso que deixem de ser canibais. Não basta mais que as empresas apenas se adaptem e mitiguem seus impactos negativos; é preciso que gerem impactos positivos.

De certo modo, o próprio Elkington percebeu isso recentemente ao realizar uma avaliação dos 25 anos do conceito de *triple bottom line*. Para Elkington (2018), assim como carros defeituosos precisam ser chamados de volta para a fábrica, o conceito precisaria passar por um *recall,* pois não atingiu o objetivo pretendido, qual seja, a transformação do próprio sistema capitalista. Ainda assim, ele tem dificuldades em apontar o que fazer para solucionar o problema. Foi a partir desse entendimento que a literatura repensou o modelo de Elkington. Economia, sociedade e meio ambiente não podem ser entendidos como três dimensões simétricas. Se há limites planetários sendo ultrapassados, como mostra a ciência, então a economia precisa ser contingenciada em nome da sobrevivência do próprio planeta. E o que contingencia a economia é a sociedade, de forma intermediária, e o meio ambiente, em última instância. Isso é o que significa a Economia Ecológica, ou, como alguns preferem, a sustentabilidade forte (Pearce; Turner, 1990). A Figura 3 ilustra esse processo histórico que se inicia com a Economia Clássica de Friedman, passa pela Economia Ambiental de Elkington e culmina na Economia Ecológica (Monzoni; Carreira, 2022).

Figura 3 – Economia Clássica, Economia Ambiental e Economia Ecológica

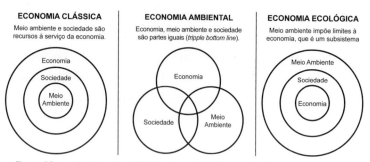

Fonte: Monzoni e Carreira (2022), adaptado de Kurucz, Colbert e Marcus (2013).

A Economia Ecológica parece ser uma boa interpretação sobre o cenário em que precisam atuar as empresas no século XXI. Entretanto, essa Economia Ecológica ainda é insuficiente para apontar a direção que essas empresas profundamente comprometidas com a sustentabilidade devem seguir. Um problema desse modelo de três dimensões – econômica, social e ambiental – é que ele ignora que a realidade concreta é também informada por outras dimensões, como a política e a cultura. Por um lado, sem a dimensão da política, o modelo torna-se despolitizado, como se os conflitos de poder não tivessem papel fundamental na direção dos processos de mudanças das sociedades. Por outro, sem a dimensão cultural, ignora-se a importância dos valores e dos comportamentos nos processos de mudança de padrão de consumo e de estilo de vida. Por essa razão, faria mais sentido falarmos em cinco dimensões, e não apenas em três (Nascimento, 2012). Porém, mesmo as cinco dimensões ainda poderiam ser pouco. Crítico do modelo padrão proposto pelo *triple bottom line*, Leonardo Boff o acusa de ser vazio e retórico por não conter elementos humanísticos e éticos. Para Boff (2016), há outros pilares que deveriam ser incorporados no modelo da sustentabilidade, como a gestão da mente sustentável, a generosidade, a neuroplasticidade do cérebro e o cuidado essencial, além da já mencionada cultura.

Um modelo de sustentabilidade forte que merece atenção foi o proposto em 2007 pelo economista vencedor do Prêmio Nobel da Paz, Muhammad Yunus. Banqueiro em Bangladesh, Yunus criou a ideia de empresa social como futuro do capitalismo. Diferentemente das companhias atualmente existentes que apenas visam a maximização dos lucros, a empresa social tem por objetivo a maximização dos benefícios sociais. Contudo, isso não faz com que a empresa social deixe de ser uma empresa com seus clientes, produtos, custos e preços. "A empresa social não é uma instituição de caridade", explica Yunus (2008, p. 36); ela precisa gerar retorno financeiro para cobrir seus custos e investimentos. Yunus utiliza como exemplo de empresa social o Banco Grameen, que criou em Bangladesh em 1976. Sendo o primeiro banco do mundo especializado em microcrédito, o Grameen tem por objetivo oferecer serviços bancários aos mais pobres. Por essa experiência pioneira, tanto Yunus quanto o Grameen receberam o Prêmio Nobel da Paz em 2006.

Nessa longa trajetória da sustentabilidade corporativa, o modelo mais atual e, provavelmente, o mais completo até o momento, é o que foi formulado em 2012 pela economista inglesa Kate Raworth em um *paper* para a Oxfam no contexto da Rio+20 e que ficou conhecido como Economia *Donut*. Raworth se apropriou do que há de mais atual no debate da sustentabilidade para propor um modelo seguro de economia que seja contingenciado necessariamente pelas questões ambiental e social. Na visão de Raworth (2012), só é segura a atividade econômica que, por um lado, não ultrapasse as já mencionadas fronteiras planetárias e que, por outro lado, não incida sobre as questões sociais levantadas pelos ODSs. Para ilustrar seu modelo, Raworth adotou a imagem de um *donut*, o famoso doce que possui a forma de uma rosca. A Economia *Donut* é aquela que atua no interior de dois círculos: para além do círculo maior, exterior, estão as fronteiras planetárias que não podem ser ultrapassadas; para além do círculo menor, interior, estão as questões sociais que devem ser respeitadas. A atividade econômica segura e sustentável é aquela que atua dentro dessas duas fronteiras, como ilustra a Figura 4.

Figura 4 – A *Economia Donut* de Kate Raworth[26]

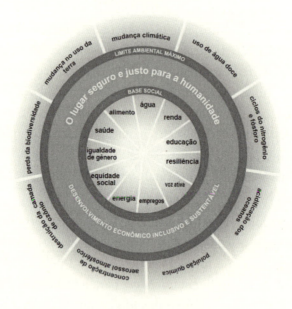

Fonte: Raworth (2012).

---

26. Kate Raworth utilizou a imagem de uma rosquinha – *donut*, em inglês – para representar a ideia de que o desenvolvimento econômico, inclusivo e sustentável é aquele que se realiza contingenciado por duas fronteiras: por um lado, a ambiental descrita pelos limites planetários; por outro, a social indicada pelos ODSs e pela Declaração Universal dos Direitos Humanos.

Mais tarde, em seu livro *Economia Donut*, de 2017, Raworth (2019, p. 228) apresentou como seu objetivo seria enfrentar aquilo que definiu como uma "economia linear degenerativa". Mas o que colocar no lugar dessa economia degenerativa? Raworth (2019, p. 232) tem como resposta que "é necessário um paradigma de concepção regenerativa". Uma concepção regenerativa é aquela que pressupõe uma intervenção positiva sobre o planeta. Empresas que pretendem atuar dentro dos limites da economia donut são empresas generosas, diz Raworth (2019, p. 235), pois criam "um empreendimento regenerativo por concepção, dando de volta aos sistemas vivos dos quais somos parte".

A nosso ver, a necessária transformação qualitativa no modo de produção capitalista só será possível com a emergência de uma empresa de novo tipo que atue contingenciada pelas dimensões social e ambiental simultaneamente. Trata-se da empresa regenerativa, como nos termos colocados por Raworth[27]. Entretanto, essa definição, ainda que mais completa e rigorosa do que qualquer outra já apresentada pela literatura, não indica claramente quais são as características que moldam essa empresa de novo tipo. Esse é o tema da próxima seção.

1.3 Atualizando a sustentabilidade corporativa: a empresa regenerativa

> *E se toda empresa concebesse sua estratégia em torno de uma mesa* Donut, *perguntando a si mesma: nossa marca é uma marca* Donut, *cujo negócio central ajuda a trazer a humanidade para dentro desse espaço seguro e justo?*
> (Raworth, 2019, p. 66)

---

[27]. Antes de Raworth, a noção de Economia Regenerativa já havia aparecido em Daniel Wahl (2016) e em Fullerton e Hunter (2013).

As teorias descritas até aqui, e seus modelos de intervenção empresarial subjacentes, possuem aspectos positivos, mas também diferentes problemas. A teoria dos *stakeholders,* postulada por Freeman, foi revolucionária na década de 1980 ao incorporar como responsabilidade da empresa os interesses das partes interessadas, e não apenas dos acionistas. Assim, contrapôs-se ao neoliberalismo individualista e egoísta de Friedman. Todavia, a incorporação das partes interessadas ainda dizia pouco sobre o necessário impacto socioambiental positivo. A pirâmide de Carroll teve sua importância ao trazer a responsabilidade social corporativa para o centro do debate na década de 1990, mas ignorou a questão ambiental e sugeriu uma certa hierarquia entre dimensões da vida que não deveriam existir. O *triple bottom line* de Elkington e o ESG, localizados na virada do século, supostamente superaram essas hierarquias, mas foram percebidos como pouco operacionais. Um passo adiante nessa operacionalidade foi dado com a criação das métricas do Capitalismo *Stakeholder* formulado por Schwab no contexto do Fórum Econômico Mundial em 2020. No entanto, na prática, o que estamos assistindo é uma avalanche de *greenwashing* e *socialwashing,* na medida em que as empresas não modificaram efetivamente seus modelos de negócio (Zhang et al., 2018; Netto *et al*., 2020; Santos; Coelho; Marques, 2023). Ademais, na maior parte das vezes, o que vemos são empresas que atuam pelo social ou pelo ambiental, mas quase nunca pelas duas dimensões simultaneamente. Já a economia *donut,* provavelmente a mais rigorosa e completa teoria da sustentabilidade corporativa formulada até o momento, resolve o problema da simultaneidade de intervenção, mas ainda se apresenta de forma pouco operacional para o mundo corporativo. Todas essas teorias tiveram contribuições importantes em suas épocas, mas, de algum modo, parece faltar algo em cada uma delas. A pergunta que resta é: como construir um modelo de sustentabilidade corporativa que reúna o melhor de todas essas teorias, sem ignorar nenhum aspecto?

Partindo da premissa de que a concepção regenerativa da economia *donut* é a mais atual e rigorosa na trajetória da sustentabilidade corporativa, mas que tem o problema de ser de complexa operacionalização, então o salto adiante que precisa ser dado na teoria é o de solucionar essa dificuldade. A economia *donut* trata do sistema como um todo, mas indica pouco sobre as características que devem ser adotadas pelas empresas que pretendam atuar nesse lugar seguro e justo para a humanidade. Que características seriam essas? A resposta está na conjunção de quatro eixos da sustentabilidade corporativa que, quando articulados sincronicamente, passam por uma transformação dialética da quantidade para a qualidade, formando o que defino como a empresa regenerativa, conforme a Figura 5.

Figura 5 – Os quatro eixos da Empresa Regenerativa

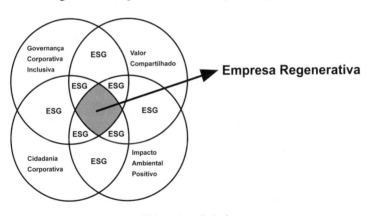

Fonte: Elaboração própria do autor

Como se pode observar, a empresa regenerativa é uma estrutura que depende da existência em sinergia de quatro eixos: (1) *governança corporativa inclusiva*; (2) *valor compartilhado*;

(3) *impacto ambiental positivo*; (4) e *cidadania corporativa*. Se qualquer um desses quatro eixos estiver ausente, a estrutura se torna incompleta e, portanto, insustentável. Como a figura ilustra, as companhias que se apresentam como ESG são aquelas que possuem iniciativas isoladas ou desarticuladas em favor da questão ambiental ou social, mas que não contemplam simultaneamente os quatro eixos da empresa regenerativa.

A *governança corporativa inclusiva* é a responsável por articular uma série de mecanismos internos da empresa e a sua dinâmica com todas as partes interessadas, os chamados *stakeholders*. No entanto, diferentemente da governança corporativa tradicional, a *governança corporativa inclusiva* pressupõe que essa estrutura seja necessariamente inclusiva, transparente, participativa e maximizadora de práticas sustentáveis. O *valor compartilhado* ou, como os chineses preferem, a prosperidade comum, significa a busca por uma atividade-fim que seja benéfica para a sociedade e para a empresa concomitantemente. O *impacto ambiental positivo* parte do princípio de que, além da mitigação do impacto negativo, a corporação que se pretende sustentável precisa gerar um impacto positivo que seja transformador para o meio ambiente. Por fim, o eixo da *cidadania corporativa* sugere que em tempos críticos como os que vivemos, não basta que as empresas possuam boas práticas. Elas também precisam estar engajadas em gerar novos comportamentos de consumo na sociedade, em atuar conjuntamente com outras empresas e em apoiar políticas públicas e regulações estatais que caminhem na direção da sustentabilidade.

Zadek (2004) sugere que, na trajetória para a responsabilidade corporativa, as empresas tendem a passar por cinco diferentes estágios: (1) a negação; (2) o *compliance*, ou agir de acordo com as regras; (3) um estágio gerencial, quando assuntos sociais são incorporados como responsabilidade nos processos da empresa; (4) um estágio estratégico, quando a empresa percebe que a incorporação das questões sociais no modelo de negócios pode gerar um salto competitivo; e, por fim, (5) um estágio civil, ou, como prefiro, estágio cidadão, quando a empresa propõe ações coletivas para a sociedade de modo a mudar os padrões cultural, social e legal. Podemos dizer que uma empresa regenerativa, como estamos propondo, superou todos esses estágios.

Como se vê, não se trata de apenas acrescentar mais um quarto pilar ao *triple bottom line* de Elkington. As próprias dimensões precisam ser reconfiguradas. Não basta uma genérica dimensão ambiental que promova a adaptação e a mitigação; é preciso que haja um assertivo impacto positivo. Não basta dizer que a dimensão econômica é importante, pois a empresa precisa ter lucro; é preciso que o próprio modelo de negócios seja sustentável e direcionado para uma criação de valor compartilhado com a sociedade. Não basta que a empresa cumpra seu papel individual; é preciso que seja cidadã. Não basta que a governança siga o *compliance*; é preciso que seja inclusiva. A empresa que articula esses quatro pilares é a empresa sustentável para o século XXI que precisamos. É a empresa regenerativa.

Os próximos capítulos descrevem em detalhes e com exemplos os elementos que constituem cada um desses quatro eixos da empresa regenerativa.

2
Governança corporativa inclusiva

O ano de 2023 teve início com uma notícia que abalou o mundo corporativo brasileiro de forma marcante. Com apenas oito dias no cargo, o CEO da Americanas, uma das principais varejistas do país, anunciou em 11 de janeiro um rombo na empresa num montante de R$ 20 bilhões. A grande questão é que esse prejuízo nunca havia sido apresentado em nenhum balanço da empresa, o que fez com que investidores e acionistas minoritários tivessem sido pegos de surpresa. Como R$ 20 bilhões não é um valor trivial, que possa passar despercebido, especialistas sugeriram se tratar de uma fraude contábil realizada com o conhecimento de alguns atores bem específicos, como diretores, acionistas majoritários e auditores. É bem verdade que alguém já deveria ter desconfiado que a prática da Americanas em algum momento levaria a essa situação. Afinal de contas, não é normal que uma empresa registre como princípio em sua Política de Sustentabilidade a seguinte afirmação: "Obsessão com custos e despesas, que são as únicas variáveis sob o nosso controle, ajuda a manter a sobrevivência a longo prazo"[28].

Para alguns especialistas, o que faltou na Americanas foi uma governança corporativa eficiente. Em ação judicial contra

---

28. Disponível em: https://api.mziq.com/mzfilemanager/v2/d/347dba24-05d2-479e-a775-2ea8677c50f2/2127cef8-9896-60bd-ee58-a075149aa1c0?origin=1

a empresa, o Instituto Brasileiro de Cidadania, Ibraci, declarou que "o que se verifica no caso da AMER3 [código das Americanas na Bolsa de Valores] é o derretimento do preço por práticas ilegais de contabilidade, ausência de transparência, de boa-fé e de governança corporativa"[29]. Leitura semelhante foi feita por Pedro Paro, CEO de uma consultoria de boas práticas de cultura organizacional: "essa dívida, na minha leitura, é um acúmulo de anos e anos, de discussões que não foram tidas, e falta de segurança psicológica no ambiente de trabalho, falta de transparência, de processos, rotinas e favores de governança administrativa [...]" (Paro, 2023). Para outros, a governança corporativa até existia, mas não estava incorporada na cultura e nos valores da empresa (Pinsky, 2023). Seja por uma interpretação, seja por outra, a questão da governança corporativa estava lá.

A noção de governança corporativa teve início nos Estados Unidos, na década de 1980, mas foi após a crise financeira de 2008 que ela tomou grandes proporções (Silveira, 2010). Uma definição que é muito usual no Brasil é a que foi formulada pelo Instituto Brasileiro de Governança Corporativa em seu *Código das Melhores Práticas de Governança Corporativa*. Para o IBGC (2015, p. 20), "governança corporativa é o sistema pelo qual as empresas e demais organizações são dirigidas, monitoradas e incentivadas, envolvendo os relacionamentos entre sócios, conselho de administração, diretoria, órgãos de fiscalização e controle e demais partes interessadas". Em tese, essa definição abrange todos os aspectos da governança interna de uma empresa. Contudo, quando observamos, no detalhe, a sua aplicação no corpo geral do *Código das Melhores Práticas de Governança Corporativa* do

---

29. Disponível em: https://economia.uol.com.br/noticias/redacao/2023/01/16/acionistasminoritarios-processo-americanas.htm

IBGC, entendemos o quão minimalista ela é. Ali, a preocupação se dá claramente com "sócios, conselho de administração, diretoria, órgãos de fiscalização e controle", mas as tais "demais partes interessadas" da definição inicial não aparecem ao longo do *Código*. Pouco ou quase nada lemos sobre os direitos dos trabalhadores e das comunidades em que as empresas estão inseridas, por exemplo. Isso significa dizer que essa definição minimalista e *mainstream* está mais preocupada com os interesses dos andares de cima das corporações do que com os debaixo.

Com efeito, a literatura especializada em geral aponta nessa mesma direção minimalista. Para o fundador do IBGC, João Bosco Lodi (1998), a governança corporativa "estabelece um *modus operandi* entre acionistas, conselho, auditorias externas e presidente da empresa". Ou, conforme o mesmo Lodi (2000, p. 9), "é um novo nome para o sistema de relacionamento entre acionistas, auditores independentes e executivos da empresa, liderado pelo Conselho de Administração". De acordo com Nelson Siffert Filho (1998), esse modelo de gestão "diz respeito aos sistemas de controle e monitoramento estabelecidos pelos acionistas controladores de uma determinada empresa ou corporação, de tal modo que os administradores tomem suas decisões sobre a alocação dos recursos de acordo com o interesse dos proprietários". Steinberg (2003, p. 18) entende que "constitui o conjunto de práticas e de relacionamentos entre acionistas/cotistas, conselho de administração, diretoria executiva, auditoria independente e conselho fiscal com a finalidade de aprimorar o desempenho da empresa e facilitar o acesso ao capital". Já para Silveira (2010), "governança corporativa lida com o processo decisório na alta gestão e com os relacionamentos entre os principais personagens das organizações empresariais, notadamente executivos, conselheiros e acionistas".

Essa interpretação corrente de que governança corporativa diz respeito aos altos dirigentes da empresa tem como referencial a chamada Teoria da Agência. Segundo Jensen e Meckling (1976), formuladores dessa teoria, há entre os acionistas e os gestores, entre o conselho de administração e a diretoria, ou entre o principal e o agente, algumas possibilidades cotidianas de conflito de interesses. Cabe à governança corporativa dirimir esses conflitos. Ora, o caso da Americanas é exemplar desse conflito de interesses entre acionistas majoritários e minoritários.

Mas a governança corporativa também não deveria tratar dos relacionamentos com os trabalhadores e as comunidades locais? Bem, a própria definição de governança corporativa no *Código do IBGC* (2015, p. 20) diz o seguinte em determinado momento:

> As boas práticas de governança corporativa convertem princípios básicos em recomendações objetivas, alinhando interesses com a finalidade de preservar e otimizar o valor econômico de longo prazo da organização, facilitando seu acesso a recursos e contribuindo para a qualidade da gestão da organização, sua longevidade e o bem comum.

Se as boas práticas de governança corporativa devem converter princípios em recomendações objetivas para o bem comum e se podemos imaginar que os interesses dos trabalhadores e das comunidades locais constituem dimensões do bem comum, logo esses interesses também deveriam ser contemplados em boas práticas de governança corporativa. Infelizmente, isso não é o que está registrado na definição minimalista e *mainstream*.

Essa é a razão pela qual em nossa definição de Empresa Regenerativa adotamos uma governança corporativa que seja inclusiva. Isso significa dizer que trabalhadores e comunidades locais, entre outros *stakeholders*, devem participar mais ativamente da gestão de qualquer corporação, inclusive no controle de balanços. No caso da Americanas, a falta dessa participação mais democrática na gestão fez com que trabalhadores entrassem em desespero frente às incertezas quanto ao futuro de seus empregos. Em decorrência disso, centrais sindicais entraram, em 25 de janeiro de 2023, com uma Ação Civil Pública na 8.ª Vara do Trabalho de Brasília para que os acionistas majoritários fossem responsabilizados e os trabalhadores não fossem prejudicados[30.]

Essa é apenas uma dimensão entre tantas outras que tornam inclusiva a governança corporativa. Uma governança corporativa inclusiva precisa estar alicerçada em pelo menos doze ações: (1) *Compliance*; (2) Igualdade de gênero; (3) Igualdade racial; (4) Interseccionalidade; (5) Diversidade sexual; (6) Enfrentar o capacitismo; (7) Superar o etarismo; (8) Direito à preguiça; (9) Direito à desconexão; (10) Salário-Máximo; (11) *Supply chain* sustentável e *Due Diligence* socioambiental; e (12) *Accountability* e transparência. Vejamos o que significa cada uma delas.

2.1 *Compliance* socioambiental

O Rio? É doce.
A Vale? Amarga.
Ai, antes fosse mais leve a carga.
(Carlos Drummond de Andrade)

O *compliance* é a forma atual pela qual um modelo de governança corporativa se aplica. O termo não possui tradução para o português e vem do inglês *to comply*, que significa seguir regras, normas, diretrizes, leis etc. Isso é dizer que o *compliance* "é todo arcabouço regulatório aplicado pelas agências que controlam e regulam o setor no qual a empresa está inserida" (Antonik, 2016, p. 47).

---

30. Disponível em: https://ctb.org.br/noticias/brasil centrais-sindicais-acionam-americanas-najustica/

Embora a história das práticas de *compliance* seja mais antiga, um marco para sua popularização foi a publicação, nos Estados Unidos, da Lei Sarbanes-Oxley em 2002. Aqui, o contexto não é trivial. Em 2001, estourou naquele país o maior caso de fraude contábil da história. A Enron, uma das principais empresas de distribuição de energia do mundo, foi descoberta realizando a maquiagem de balanços financeiros na ordem de US$ 25 bilhões. Para tanto, a Enron contou com a cumplicidade de uma das mais famosas consultorias do mundo, a Arthur Andersen, responsável por suas auditorias. Diga-se de passagem, há aqui alguma semelhança com o caso da Americanas no Brasil em 2023. Foi em razão desse escândalo que o Congresso estadunidense aprovou, no ano seguinte, a Lei Sarbanes-Oxley. Também conhecida como SOX, a lei teve por objetivo minimizar o risco de fraude em balanços financeiros e criar mecanismos de auditoria e de segurança confiáveis (Negrão; Pontelo, 2014).

No caso brasileiro, a disseminação de práticas de *compliance* foi fortemente impulsionada pela Lei 12.846 de 2013, a Lei Anticorrupção. Essa lei criou duas mudanças importantes na legislação empresarial brasileira. Em primeiro lugar, ela passou a punir não apenas os dirigentes envolvidos em casos de corrupção, mas também as próprias pessoas jurídicas. Em segundo lugar, a lei abriu a possibilidade de redução de penas para empresas envolvidas em corrupção que demonstrassem ter tido práticas de boa governança, como é o caso de departamentos de *compliance*. Conforme o Art. 7º, "serão levados em consideração na aplicação das sanções: VIII – a existência de mecanismos e procedimentos internos de integridade, auditoria e incentivo à denúncia de irregularidades e a aplicação efetiva de códigos de ética e de conduta no âmbito da pessoa jurídica" (Brasil, 2013). Em decorrência disso, os conselhos de administração das grandes e médias empresas brasileiras passaram a organizar suas estruturas de *compliance,* de modo a transparecer para a sociedade e para a Justiça que mecanismos de combate à corrupção estavam sendo adotados.

Como podemos ver, o *compliance* tradicional está muito preocupado com a questão da corrupção. Trata-se, certamente, de uma dimensão de alta relevância para qualquer empresa. Apesar disso, é preciso ir além e alargar o conceito de *compliance* para torná-lo sustentável. Isso significa criar mecanismos práticos de governança que garantam o respeito às legislações socioambientais em todo o seu ramo de atuação.

Parece óbvio dizer que uma empresa não pode ir contra as leis do país em que está situada. Porém, às vezes, obviedades precisam ser repetidas. Se uma determinada empresa resolve atuar em um processo produtivo de alto impacto socioambiental, então é fundamental que tenha um departamento de *compliance* habilitado a qualificar a gestão internamente para que todas as normas legais sejam respeitadas. Ou seja, é preciso garantir instrumentos internos de fiscalização capazes de impedir condutas que atuem contra a sociedade e contra o meio ambiente, não apenas do ponto de vista da corrupção. Ademais, esse departamento de *compliance* socioambiental precisa ter força, autonomia e independência para informar corretamente à direção e ao Conselho Administrativo, de modo a impedir que apenas o lucro dê a palavra final. É bom lembrar que a Lei n. 9.605/98, conhecida como Lei dos Crimes Ambientais, estabelece que uma empresa pode, em última instância, até mesmo ser liquidada caso tenha sido criada ou utilizada para facilitar ou omitir um crime ambiental (Brasil, 1998).

Alguns dos maiores impactos socioambientais que o Brasil já viveu foram certamente os deslizamentos das barragens de rejeitos de minério de ferro nas cidades de Mariana e Brumadinho em Minas

Gerais. O rompimento da barragem em Mariana ocorreu na tarde de 5 de novembro de 2015 e deixou 18 mortos. Já o rompimento do Córrego do Feijão, em Brumadinho, Região Metropolitana de Belo Horizonte, ocorreu no dia 25 de janeiro de 2019 e deixou 270 pessoas mortas. Os rejeitos atingiram o Rio Doce comprometendo seriamente a biodiversidade de uma das bacias hidrográficas mais importantes do país. As duas barragens tinham entre seus controladores a Vale S.A., uma das maiores empresas de mineração do planeta.

Logo após os acontecimentos, começaram as investigações que apontaram não se tratar de meros acidentes imprevisíveis. A empresa de consultoria TÜV SÜD, que foi contratada pela Vale S.A. para fazer a primeira Revisão Periódica de Segurança da Barragem I em 2018, possuía pelo menos dois problemas que afetavam sua independência. Em primeiro lugar, a TÜV SÜD mantinha em paralelo outros contratos com a Vale S.A. Isso pode gerar um conflito de interesses, na medida em que surge o temor de ter esses outros contratos cancelados caso apresente um estudo que prejudique os lucros da empresa contratante. Em segundo lugar, foi identificada uma pressão direta da Vale S.A sobre a TÜV SÜD para que a auditoria aprovasse a barragem (Brasil, 2019). O que o relatório da Comissão Parlamentar de Inquérito do Senado sobre Brumadinho apontou foi que houve uma omissão deliberada da empresa responsável, a Vale S.A., para que aquelas atividades fossem aprovadas sem a segurança mínima necessária. O relatório final da CPI concluiu que

> as Declarações de Condição de Estabilidade, elemento considerado fundamental para a segurança de uma barragem, mostram diversos vícios: interferências indevidas na elaboração dos laudos, por parte da empresa auditada; permissividade excessiva, ao assinar laudos de estabilidade condicionados a correções que nunca foram feitas, por parte da empresa auditora;

conflitos de interesses através de múltiplos contratos, no caso da empresa TÜV SÜD (Brasil, 2019).

Como consequência da investigação, a Justiça Federal aceitou, em janeiro de 2023, a denúncia oferecida pelo Ministério Público Federal contra 16 pessoas e contra as empresas Vale e TÜV SÜD pelo rompimento de Brumadinho. As empresas Vale S.A. e TÜV SÜD Bureau de Projetos e Consultoria Ltda. foram denunciadas pelos crimes contra a fauna, contra a flora e pelo crime de poluição, enquanto as pessoas físicas foram denunciadas por esses mesmos crimes mais homicídio qualificado, por 270 vezes.

A existência de um bom departamento de *compliance* socioambiental poderia ter impedido não apenas o conflito de interesses na contratação de uma consultoria a ser realizada por uma empresa que possuía outros contratos com a Vale S.A, como também a pressão sobre o resultado da própria auditoria. O lucro, no entanto, falou mais alto. Para que um departamento de *compliance* socioambiental funcione efetivamente, algumas medidas são importantes como, por exemplo, a criação de um Código de Conduta Ética e Sustentável; o treinamento e a conscientização permanente de todos os trabalhadores da empresa; a existência de canais de comunicação e ouvidorias que permitam que denúncias sejam feitas anonimamente; e a realização de auditorias internas e externas independentes. Como bem sustentam Negrão e Pontelo (2014, p. 45), o *compliance* tem papel educador, pois "atua proativamente e apoia as outras áreas da organização na execução dos seus objetivos de forma correta, em conformidade com legislação e normativos vigentes, e com base no código de ética da organização".

Uma Empresa Regenerativa é aquela que adota o *compliance* socioambiental como mecanismo para que tragédias como as de Brumadinho e Mariana jamais se repitam.

2.2 Igualdade de gênero

Em 2021, a revista norte-americana *Time* listou a empresária brasileira Luiza Trajano, dona da Magazine Luiza, entre as 100 pessoas mais influentes do mundo naquele ano. Trajano foi a única brasileira a constar na lista, o que talvez tenha sido sintomático do avanço do empoderamento feminino no país. Com efeito, a participação das mulheres no mercado de trabalho tem crescido no Brasil nos últimos anos. De acordo com o IBGE, entre 2014 e 2019, a participação feminina cresceu por cinco anos seguidos, embora ainda permaneça menor que a masculina.

Além de possuírem menos empregos, mulheres enfrentam discriminações cotidianas, recebem menos que os homens para cumprir as mesmas tarefas e não são promovidas com a mesma facilidade. Trata-se, portanto, de uma evidente desigualdade que precisa ser superada. Essas são algumas das razões pelas quais a igualdade de gênero é o quinto Objetivo do Desenvolvimento Sustentável. Não obstante a relevância das seis metas em que está subdividido o ODS 5, do ponto de vista de uma governança corporativa inclusiva, interessa-nos prioritariamente o fim da discriminação (5.1), o fim da violência contra mulheres (5.2) e a igualdade de oportunidades (5.5). Essas metas podem ser traduzidas das mais diferentes formas, mas é intuitivo imaginar que uma empresa será sustentável, ao menos em relação ao ODS 5, se combater formas de violência de gênero, como o assédio sexual e moral, se oferecer para mulheres as mesmas oportunidades de conquistar promoções que os homens e se garantir para mulheres salários semelhantes aos dos homens ao exercerem as mesmas tarefas.

No setor corporativo, o Índice Bloomberg de Igualdade de Gênero – *Gender Equality Index*, GEI – tem sido uma ferramenta internacional muito útil. O GEI considera cinco dimensões prioritárias: liderança feminina, igualdade de remuneração e paridade salarial de gênero, cultura inclusiva, políticas de assédio sexual e marca pró-mulheres. Quando o GEI foi criado, em 2018, 104 empresas de 24 países foram incluídas. Entre elas estavam duas brasileiras: BB Seguridade e Itaú Unibanco. Em 2021, 380 companhias de 44 países conseguiram ser listadas no GEI, sendo nove brasileiras: BB Seguridade, Bradesco, Braskem, Eletrobras, Comgas, Cosan, Itaú Unibanco, Odontoprev e Sul América[31].

Claro, há muitas grandes empresas que estão longe de reduzir essa assimetria, em particular quando observamos os altos cargos. A meta 5.5 do ODS 5 propõe "garantir a participação plena e efetiva das mulheres e a igualdade de oportunidades para a liderança em todos os níveis de tomada de decisão na vida política, econômica e pública"[32]. Todavia, não é isso o que temos encontrado no mundo privado. No Conselho de Administração da Americanas, por exemplo, havia apenas uma mulher entre os sete membros em 2023[33]. Na Natura, empresa que se apresenta como sustentável, havia, em 2023, apenas quatro mulheres entre os 12 nomes do Conselho de Administração e uma única mulher entre os cinco da diretoria estatutária[34]. Mesmo a Magazine Luiza, sob a liderança de Luiza Trajano, não alcançou a paridade de gênero nos altos postos da empresa: na diretoria, em 2023, havia quatro mulheres dentre 14 membros; e no Conselho, três dentre oito nomes[35].

---

31. Disponível em: https://www.bloomberg.com/gei/about/
32. Disponível em: https://brasil.un.org/pt-br/sdgs/5
33. Disponível em: https://ri.americanas.io/governanca-corporativa/conselho-de-administracao-ediretoria/
34. Disponível em: https://ri.naturaeco.com/a-natura-co/o-grupo/g-governancacorporativa/conselho-de-administracao-comites-e-diretoria-estatutaria/diretoria-estatutaria/
35. Disponível em: https://ri.magazineluiza.com.br/ShowCanal/Conselho-de-Administracao-eDiretoria-Executiva?=fgCSQ60+5MvJOPgEysJD0A==

Em diálogo com o ODS 5 e com o GEI, alguns indicadores devem ser considerados por uma empresa que busque uma governança corporativa inclusiva. Entre esses indicadores estão:

1) % de mulheres que trabalham na empresa;

2) % de mulheres em cargos de direção;

3) % de mulheres no Conselho de Administração;

4) % do salário das mulheres em relação aos salários dos homens;

5) a existência ou não de políticas contra o assédio sexual;

6) a existência ou não de políticas contra o assédio moral;

7) a existência ou não de políticas contra a discriminação de gênero.

Caminha na direção de ser uma empresa regenerativa, a organização que mantiver pelo menos uma paridade de gênero entre o corpo geral de seus trabalhadores e entre os cargos de direção, que oferecer salários iguais para homens e mulheres que desempenharem as mesmas funções e que mantiver políticas contra o assédio moral, o assédio sexual e a discriminação de gênero.

2.3 Igualdade racial

Quando, na noite de 19 de novembro de 2020, a imprensa transmitiu as imagens do assassinato de um homem negro por funcionários da rede de supermercado Carrefour, na porta da loja em Porto Alegre, a sociedade brasileira entrou em choque. Não que o racismo seja desconhecido da imensa maioria da população, mas testemunhar as imagens reafirmou um sentimento de impotência e de indignação diante daquela cena trágica. Após um pequeno desentendimento dentro do supermercado, João Alberto Silveira Freitas foi espancado até a morte por dois seguranças brancos. Tudo isso na véspera do Dia Nacional da Consciência Negra.

O caso do Carrefour revelou publicamente o significado do conceito de racismo estrutural. Silvio Almeida (2021) explica que o racismo no Brasil não é somente individual – uma patologia ou irracionalidade derivado do psíquico de um determinado indivíduo ou coletivo – ou institucional – resultado do funcionamento das instituições que promovem indiretamente desvantagens e privilégios com base na raça. O racismo no Brasil é estrutural. Isso significa dizer que o racismo "é uma decorrência da própria estrutura social, ou seja, do modo 'normal' com que se constituem as relações políticas, econômicas, jurídicas e até familiares, não sendo uma patologia social e nem um desarranjo institucional" (Almeida, 2021, p. 50). Sendo estrutural, o racismo está presente em cada pequeno momento da vida social: nos garçons negros que atendem apenas clientes brancos nos restaurantes mais caros; na polícia que realiza abordagens distintas se os suspeitos forem negros ou brancos; nas empresas que asseguram salários distintos de acordo com a cor de seus funcionários.

Que o racismo é estrutural não há dúvidas, mas isso não significa dizer que ele precise ser eterno. Aliás, no mundo empresarial já há quem esteja correndo atrás do prejuízo e buscando formas de superar esse cenário. Em 2020, a Magazine Luiza, liderada pela já mencionada Luiza Trajano, abriu as portas da empresa para uma iniciativa que se tornou imediatamente polêmica: uma seleção de *trainees* direcionada exclusivamente para pessoas negras.

Sob esse registro, é importante mencionar a Iniciativa Empresarial pela Igualdade Racial, uma plataforma de articulação entre empresas comprometidas com a igualdade racial que foi idealizada pela Faculdade Zumbi dos Palmares em conjunto com a Organização Não Governamental Afrobrás. Essa plataforma conta com 78 entidades e organizações signatárias, que são estimuladas a cumprir dez compromissos:

1) comprometer-se – presidência e executivos – com o respeito à promoção da igualdade racial;

2) promover igualdade de oportunidades e tratamento justo a todas as pessoas;

3) promover ambiente respeitoso, seguro e saudável para todas as pessoas;

4) sensibilizar e educar para o respeito e a promoção da diversidade racial;

5) estimular e apoiar a criação de grupos de afinidade sobre diversidade racial;

6) promover o respeito à diversidade racial na comunicação e *marketing*;

7) promover o respeito a todas as pessoas no planejamento de produtos e de serviços e no atendimento aos clientes;

8) promover ações de desenvolvimento profissional para se alcançar a igualdade racial no acesso a oportunidades de trabalho e de renda;

9) promover o desenvolvimento econômico e social na cadeia de valor dos segmentos étnico-raciais em situação de vulnerabilidade e exclusão na cadeia de valor;

10) promover e apoiar ações em prol da igualdade racial no relacionamento com a comunidade.

A Iniciativa Empresarial pela Igualdade Racial criou em 2020 um Índice de Igualdade Racial nas Empresas, IIRE, que contou com seis pilares fundamentais de avaliação: recenseamento empresarial; conscientização; recrutamento; capacitação; ascensão; e publicidade e engajamento. Em 2021, houve uma mudança no nome, que passou a se chamar Índice de Equidade Racial nas Empresas, Iere, com a incorporação de três novos pilares:

materialidade e análise de dados secundários; comparabilidade por setor e porte empresarial; e transparência (Iniciativa, 2022).

Uma medida pioneira da Iniciativa Empresarial pela Igualdade Racial foi a realização, em 2022, do Curso de Formação de Conselheiros de Administração para profissionais negros. Isso porque não basta que haja seleção de *trainees* direcionada exclusivamente para pessoas negras; é preciso também que essas pessoas cheguem nos postos mais altos de direção. Para termos ideia do quão assimétrica é a situação, um levantamento realizado nas 73 companhias que participaram do processo seletivo do Índice de Sustentabilidade Empresarial da Bolsa de Valores em 2021 identificou que cerca de 80% delas responderam ter apenas entre 0% e 11% de pessoas negras em cargos de diretoria ou *C-level* (Iniciativa, 2022). A Americanas é um desses casos de inexistência de pessoas negras em seu Conselho de Administração e em sua diretoria.

Assim como vimos na seção anterior em relação à igualdade de gênero, empresas que se pretendam regenerativas devem se guiar pelos seguintes indicadores:

1) % de negros que trabalham na empresa;

2) % de negros em cargos de direção;

3) % de negros no Conselho de Administração;

4) % do salário dos negros em relação aos salários dos brancos;

5) A existência ou não de políticas contra o assédio moral;

6) A existência ou não de políticas contra a discriminação racial.

Diferentemente do que ocorre com a igualdade de gênero, que possui um objetivo próprio entre os ODS, a dimensão racial se insere somente na meta 10.2 do Objetivo 10 sobre as Reduções das desigualdades, que fala em "até 2030, empoderar e promover a inclusão social, econômica e política de todos, independentemente da idade, gênero, deficiência, raça, etnia, origem, religião e condição econômica"[36]. Sinal de que a questão racial não alcançou a mesma visibilidade que o gênero. Independentemente dessa ausência, a igualdade racial deve ter o mesmo patamar de urgência que a igualdade de gênero e ser uma exigência para uma Empresa Regenerativa.

2.4 Interseccionalidade

Já vimos que as igualdades de gênero e de raça são elementos constitutivos de uma governança corporativa inclusiva, mas a realidade pode ser mais complexa, pois as diferentes relações de poder que envolvem gênero e raça podem se sobrepor, conformando novas opressões. Isso é o que a literatura convencionou chamar de interseccionalidade.

Em 1976, a trabalhadora negra, Emma DeGraffenreid, entrou na Justiça dos Estados Unidos contra a General Motors. DeGraffenreid alegava existir uma discriminação de gênero e raça na empresa. A General Motors até contratava homens negros, mas eles atuavam necessariamente no trabalho físico da linha de montagem; a GM igualmente contratava mulheres brancas, mas o local delas era nas tarefas administrativas. Mas e as mulheres negras? As mulheres negras, como DeGraffenreid, não eram contratadas. A empresa não tinha exatamente uma prática racista, na medida em que contratava homens negros. A empresa também não tinha uma conduta necessariamente sexista, já que havia muitas mulheres contratadas. A discriminação ali era de um outro tipo, consolidada pelo cruzamento racial e sexual: a discriminação interseccional.

O termo interseccionalidade foi formulado pela jurista afro-americana Kimberlé Crenshaw, em fins da década de 1980. Ao analisar a ação de DeGraffenreid contra a GM, Crenshaw percebeu a complexidade registrada naquele caso. Claro, a interseccionalidade

---

36. Disponível em: https://brasil.un.org/pt-br/sdgs/10

não surgiu quando foi nomeada, como bem observam Patricia Hill Collins e Sirma Bilge (2021). Sua história remonta a episódios anteriores como o movimento *Black Power* entre tantos outros. No Brasil, a socióloga Lélia González já tratava dessa dupla opressão de gênero e de raça em suas pesquisas anos antes do termo ser cunhado. Mas foi a partir de Crenshaw que ele ganhou o mundo. Sua consolidação internacional veio em 2001 com a realização da III Conferência Mundial contra o Racismo, Discriminação Racial, Xenofobia e Intolerâncias Correlatas, realizada em Durban, África do Sul. Ali, a interseccionalidade emergiu como conceito a ser adotado por diversas nações em suas políticas públicas.

Não obstante já tenham se passado trinta anos desde a formulação do conceito e vinte anos da Conferência Mundial contra o Racismo, a realidade no mundo empresarial ainda é alarmante. Uma pesquisa do Instituto Ethos intitulada *Perfil social, racial e de gênero das 500 maiores empresas do Brasil e suas ações afirmativas*, feita em 2016, mostrou que, das 500 empresas investigadas, apenas 1,6% possuía mulheres negras e/ou pardas em cargos gerenciais. No quadro executivo, sua presença se reduz a 0,4% – havia apenas duas mulheres negras entre os 548 diretores (Instituto Ethos, 2016). Um outro levantamento, feito em 2022 pela consultoria Gestão Kairós, apontou que, entre 900 líderes com nível de gerência ou superior que foram entrevistados, apenas 25% eram mulheres – e, entre elas, apenas 3% eram negras (Dayrell, 2022). O que se percebe é que na hierarquia social as mulheres negras são as que possuem maiores dificuldades de ocupar espaços no mercado de trabalho.

A opressão interseccional, no entanto, não se resume à ocupação de espaços no mercado. Há uma discriminação salarial que compõe a estrutura de trabalho. Para um mesmo tipo de emprego, homens brancos recebem salários mais altos, os homens negros e as mulheres brancas recebem um valor intermediário e as mulheres negras recebem os mais baixos valores (Guimarães, 2002; Oliveira; Rios-Neto, 2006; Silveira; Siqueira, 2021).

Uma Empresa Regenerativa é aquela que não apenas abre vagas para mulheres negras em programas de estágio e de *trainee*, mas que também permite que essas profissionais ocupem espaços de liderança em gerências, diretorias e, até, nos Conselhos de Administração. Além disso, Empresas Regenerativas garantem que, para uma mesma função, homens brancos recebam os mesmos salários que mulheres negras.

2.5 Diversidade sexual

O Nubank, maior banco digital independente do mundo, tem uma característica que o diferencia do *mainstream* empresarial: a diversidade sexual. Um censo interno realizado em 2020 demonstrou que 26% dos seus funcionários se declaram como LGBTQIA+. Esse grupo também ocupa cerca de 18% dos cargos de liderança dentro da firma. Um número alto quando comparado com o de outras companhias.

Não é trivial que o Nubank adote essa política no Brasil. Afinal, de acordo com números de 2019, "a cada 26 horas um LGBT+ é assassinado ou se suicida, vítima da LGBTfobia, o que confirma o Brasil como campeão mundial de crimes contra as minorias sexuais" (Oliveira; Mott, 2020, p. 14). Como é intuitivo imaginar, esse preconceito sexual se reproduz no mundo corporativo. Um levantamento feito em 2015 pela empresa de recrutamento e seleção, Elancers, mostrou que 20% das empresas brasileiras não contratam gays, lésbicas, travestis e transexuais em razão da sua orientação sexual e identidade de gênero[37]. Se a primeira barreira para a população

---

37. Disponível em: https://g1.globo.com/concursos-e-emprego/noticia/2015/05/1-em-
-cada-5empresas-nao-contrataria-homossexuais-diz-estudo.html

LGBTQIA+ é a contratação, a segunda é a discriminação que sofre após conseguir a vaga. Pesquisa realizada pela consultoria Santo Caos aponta que 40% dos entrevistados já sofreram discriminação no trabalho por conta da orientação sexual (Silva, 2015).

Para além de investir na diversidade sexual no recrutamento e na distribuição de espaços de gestão, é preciso combater o preconceito. Em 2019, após ler no LinkedIn sobre a valorização de lideranças LGBTQIA+ no Nubank, um funcionário da Votorantim Cimentos postou o seguinte comentário na rede: "Líder é líder, independente da escolha sexual. Ter um líder LGBT é de uma idiotice sem tamanho" (Queiroga, 2019).

Imediatamente, diversos usuários incomodados com aquela opinião homofóbica mencionaram a página da Votorantim na postagem. Não demorou muito para que a própria Votorantim respondesse na postagem que aquela mensagem não conduzia com seu código de conduta e que o funcionário seria desligado da empresa. Em nota publicada no próprio LinkedIn, a empresa explicou a situação:

> A Votorantim Cimentos reforça que não admite discriminação ou preconceito de nenhuma natureza, sejam eles de raça, religião, faixa etária, sexo, convicção política, nacionalidade, estado civil, orientação sexual, condição física ou quaisquer outros. A empresa também reitera que possui respeito às pessoas como valor incondicional e condena qualquer postura que não esteja condizente com o seu Código de Conduta. Com isso, após análise desse comportamento repudiado pela empresa, esclarecemos que o autor do post não faz mais parte do quadro de empregados da Votorantim Cimentos (Queiroga, 2019).

Outra forma de valorizar a diversidade sexual é por meio da publicidade. Como sabemos, a publicidade tem um potencial enorme de reafirmar comportamentos e hábitos. Quando diariamente, 24 horas por dia, sete dias por semana, aparecem na televisão propagandas constituídas apenas por casais heterossexuais, essa informação fica registrada no imaginário popular, de modo que a formação de uma família distinta desses critérios é tida como um desvio ou algo equivocado. Por essa razão, foi tão importante a pioneira peça de publicidade do Boticário que entrou no ar em 2015. O comercial da marca retratava casais LGBTQIA+ trocando presentes. Algo semelhante fez a Natura, em 2020, quando lançou uma campanha de Dia dos Pais com a presença do ator transexual Thammy Miranda. A mensagem passada por essas companhias é a de que casais não heterossexuais existem e devem ser respeitados como quaisquer outros.

É importante frisar que essas ações não devem ser confundidas com aquilo que a comunidade LGBTQIA+ chama de *rainbow washing*. Por *rainbow washing*, entende-se a prática superficial de se apresentar publicamente como uma firma aberta à agenda da diversidade, mas que não possui ações concretas nessa direção. Ou seja, trata-se de uma maquiagem de arco-íris, numa tradução aproximada, pois o arco-íris é o símbolo do movimento LGBTQIA+. Em 2019, por exemplo, a revista Forbes revelou que nove corporações que adotavam logos e propagandas com arco-íris, com o objetivo de atrair o público LGBTQIA+, doaram milhões para políticos anti-gays nas eleições (Ennis, 2019). Entre as empresas denunciadas estavam grandes nomes como AT&T, UPS, Comcast, Home Depot, General Electric e Pfizer. Essa incoerência é chamada de *rainbow washing*.

Empresas efetivamente engajadas na inclusão de funcionários LGBTQIA+, como o Nubank, que enfrentam a homofobia, como a Votorantim, ou que promovem a diversidade sexual em suas propagandas, como o Boticário e a Natura, estão mais próximas de uma concepção empresarial regenerativa do que outras que ignoram essas ações.

2.6 Enfrentar o capacitismo

> *O fracasso em lidar adequadamente com as necessidades de cidadãos com impedimentos e deficiências é uma falha grave das teorias modernas [...].*
> (Nussbaum, 2013, p. 121)

Em 2019, a Americanas foi multada em R$ 11,3 milhões pelo Ministério Público do Trabalho, em Barueri, São Paulo, sob a acusação de práticas de assédio moral promovidas contra pessoas com deficiência, PcD. Os casos teriam ocorrido entre 2016 e 2018. De acordo com o MPT, as denúncias partiram de funcionários que foram contratados pela Lei de Cotas. "Os trabalhadores com deficiência eram frequentemente humilhados, desrespeitados por gritos, xingamentos, chacotas, gesticulações vexatórias, constrangimentos, ironias, inclusive em público, e discriminados por meio de rebaixamento de funções", explicou a procuradora do Trabalho Damaris Salvioni, representante do MPT na ação (Filgueiras, 2019).

O que garantiu que esses funcionários fossem contratados pela Americanas foi a Lei de Cotas para Pessoas com Deficiência, Lei 8.213/91. A Lei obriga que empresas com 100 empregados ou mais reservem vagas para esse segmento. No entanto, o caso da Americanas mostra que, não obstante o Brasil tenha criado há mais de 30 anos essa legislação como instrumento de inclusão de PcD no mercado de trabalho, ainda hoje a cultura do preconceito e da discriminação contra essas pessoas é frequente. E não são poucas as pessoas que estão vulneráveis a essa discriminação. Basta dizer que, conforme a Pesquisa Nacional por Amostra de Domicílios, a Pnad 2022, a população com deficiência no Brasil é estimada em 18,6 milhões de pessoas.

A literatura especializada possui, até mesmo, um conceito para esse tipo de discriminação: o capacitismo. O conceito de capacitismo passou a ser adotado na língua portuguesa a partir da dissertação de Ana Maria Baila Albergaria Pereira, defendida em 2008, na Universidade de Coimbra. Na formulação de Pereira (2008, p. 18-19), esse termo refere-se

> tanto à discriminação sofrida pelas pessoas com deficiência de forma activa (por exemplo, através de insultos e considerações negativas ou arquitectura não acessível), como de forma passiva (por exemplo, quando se tem um discurso sobre as pessoas com deficiência que as considera merecedoras de pena e "caridade" em vez de as ver como pessoas de plenos direitos).

O capacitismo, infelizmente, ainda é recorrente em todas as sociedades e o caso da Americanas não é um ponto fora da curva. Com efeito, trata-se de um problema geral, estrutural, que até mesmo a teoria da justiça teve dificuldades de resolver. Foi só no início de século XXI que a teoria social e política conseguiu elaborar melhor essa temática, em particular na obra da professora emérita de Direito e Ética da Universidade de Chicago, Martha Nussbaum. "Pessoas com impedimentos físicos e mentais", diz Nussbaum, "não foram até agora incluídas como cidadãs em uma base de igualdade com relação aos outros cidadãos, nas sociedades existentes". Nussbaum é conhecida por atualizar a teoria da justiça nessa direção.

Se a teoria da justiça passa nessas últimas décadas por esse processo de atualização, podem-se atualizar também as legislações. Após a Lei 8.213/91, outras regulamentações foram criadas no Brasil. Em 1994, surgiu a norma brasileira NBR 9050 da Associação Brasileira de Normas Técnicas, ABNT, que descreve orientações para que engenheiros e arquitetos projetem espaços físicos com acessibilidade. Mais tarde, a Lei 10.098/2000 atualizou esse processo. Finalmente, em 2015 foi aprovada a Lei Brasileira de Inclusão da Pessoa com Deficiência, Lei 13.146/2015, também conhecida como o Estatuto da Pessoa com Deficiência, inspirada diretamente na Convenção da ONU da pessoa com deficiência.

Empresas regenerativas enfrentam o capacitismo com pelo menos três ações diretas. Em primeiro lugar, respeitam a legislação de cotas e contratam funcionários PcD sem discriminação, o que não é uma simples contratação por obrigação legal. Muitas vezes esses profissionais ficam isolados e sem oportunidades para o crescimento na carreira. Na empresa regenerativa, o departamento de recursos humanos garante que esses profissionais não encontrem barreiras para a promoção. Em segundo lugar, acatam todas as normas técnicas e organizam seus espaços físicos de forma inclusiva, com acessibilidade para PcD, sejam seus clientes, sejam seus próprios funcionários. Por acessibilidade, vale recuperar o que diz a própria Lei 13.146/2015: acessibilidade é a

> possibilidade e condição de alcance para utilização, com segurança e autonomia, de espaços, mobiliários, equipamentos urbanos, edificações, transportes, informação e comunicação, inclusive seus sistemas e tecnologias, bem como de outros serviços e instalações abertos ao público, de uso público ou privados de uso coletivo, tanto na zona urbana como na rural, por pessoa com deficiência ou com mobilidade reduzida (Brasil, 2015).

Por fim, em terceiro lugar, empresas regenerativas promovem a cultura da inclusão com campanhas voltadas para todos os seus *stakeholders*. A Natura é uma empresa que possui boas práticas nessa direção. Além de contratar mais PcD do que recomenda a legislação, a companhia oferece treinamentos e aulas em Libras para seus funcionários de modo a garantir maior integração de pessoas com deficiência auditiva.

2.7 Superar o etarismo

> *Seria maravilhoso se a gente pudesse compartilhar a ideia de que para os povos indígenas, para os povos originários, a experiência da vida não se conta apenas, ela se conta com a capacidade de produzir sentidos. As crianças olham os anciãos com uma vontade de um dia chegar lá, é maravilhoso. Isso deveria nos sugerir que o corpo, com a idade, é uma biblioteca viva. Vocês já devem ter ouvido a expressão: quando morre um ancião, é como se queimasse uma biblioteca inteira. Nas nossas culturas, isso é verdade.*
>
> (Ailton Krenak)[38]

Sediada no Vale do Silício, a multinacional Intel é uma das maiores produtoras de chips semicondutores do mundo. Seus microprocessadores estão presentes nos computadores que utilizamos e em diversos outros equipamentos eletrônicos. Conforme dados de 2024, a companhia possui um valor de mercado de aproximadamente US$ 181,8 bilhões e conta com cerca de 120 mil funcionários[39]. Apesar de todo esse tamanho, a empresa não

---

38. Entrevista com Ailton Krenak. Disponível em: https://www.sescsp.org.br/ed-84-entrevista-com-ailton-krenak/

39. Disponível em: https://www.poder360.com.br/economia/valor-de-mercado-da-nvidia-e-10-vezes-maior-que-da-intel/

teve dúvidas em anunciar, em 2016, a demissão de 12 mil funcionários. Alguns poderiam dizer que se tratou de apenas uma típica reestruturação de setores ou de um ajuste de austeridade. Havia, no entanto, uma característica entre os demitidos. De acordo com o *The Wall Street Journal*, a média de idade dos demitidos era de 49 anos, sete anos mais velhos do que a maioria dos funcionários que permaneceram na empresa[40]. Essa foi a razão que levou alguns dos funcionários demitidos a denunciarem a Intel na agência pública estadunidense responsável pela aplicação das leis federais sobre discriminação, a Comissão de Igualdade de Oportunidades de Emprego.

Em 2022, algo semelhante ocorreu com o maior banco privado brasileiro. Naquele ano, o Itaú Unibanco promoveu um Programa de Desligamento Voluntário – PDV – para estimular o pedido de demissão de bancários. Assim como aconteceu na Intel, o público-alvo das demissões do banco era bem definido: pessoas idosas ou com problemas de saúde. Isso foi o que constatou o Ministério do Trabalho e Emprego – MTE – após uma investigação de mais de um ano. Segundo o MTE, o banco teria assediado esse público-alvo com e-mails e mensagens de SMS para aderir ao programa[41]. Dados dos Relatórios Anuais Integrados do Itaú indicam que, em 2016, os bancários com idade acima de 50 anos representavam 9,38% do total do quadro de empregados do Itaú, ao passo que, em 2020, o número caiu para 6%[42].

---

40. Disponível em: https://www.wsj.com/articles/intel-faces-age-discrimination-claims-1527264300?mod=e2twd https://www.wsj.com/articles/intel-faces-age-discrimination-claims-1527264300?mod=e2twd

41. Disponível em: https://spbancarios.com.br/07/2023/itau-usou-pdv-para-forcar--demissao-de-idosos-e-adoecidos-aponta-ministerio-do-trabalho

42. Disponível em: https://bancariosdecatanduva.com.br/Noticias/29976

Os casos da Intel e do Itaú Unibanco não são isolados. Infelizmente, trata-se de uma questão estrutural no mercado de trabalho capitalista. Uma pesquisa realizada em 2022 revelou que, na América Latina, 80% das mulheres já sofreram discriminação por serem vistas como "muito velhas". A mesma pesquisa mostrou que, para os homens, o cenário é melhor, mas ainda preocupante, chegando a 49%[43].

Os casos mencionados da Intel e do Itaú Unibanco e os dados sugeridos pela pesquisa na América Latina podem representar o que a literatura especializada convencionou chamar de *etarismo* ou *ageísmo*. O termo *ageism* foi cunhado em 1969 por Robert Butler para descrever a intolerância relacionada à idade (Couto *et al.*, 2009). Palmore (1999) explica que o *ageísmo* pode ser compreendido como preconceito ou discriminação contra ou a favor qualquer grupo etário. Em um primeiro momento, esse termo foi traduzido para o português como *ageismo*, mas no período mais recente ganhou maior visibilidade a tradução como *etarismo*.

Impedir o ageísmo ou etarismo é uma questão moral que deve ser prezada por uma sociedade ética que pretenda a boa convivência entre seus integrantes. Entre os povos indígenas, por exemplo, os mais velhos são os mais respeitados. Como diz Ailton Krenak na citação que abriu esta seção, pessoas idosas são bibliotecas vivas. Mas as sociedades capitalistas, infelizmente, pensam de outra forma. "Com o avanço do capitalismo, foram criados os instrumentos de deixar viver e de fazer morrer: quando o indivíduo para de produzir, passa a ser uma despesa", avalia Krenak (2020, p. 87). Combater o etarismo é superar essa sociedade antiética, capitalista, que avalia as pessoas idosas por sua utilidade no mercado de trabalho.

---

43. Disponível em: https://valorinveste.globo.com/mercados/brasil-e-politica/noticia/2023/07/20/empresas-estao-sendo-condenadas-por-etarismo.ghtml

Respeitar a pessoa idosa é uma questão moral, mas também legal. No Brasil, a própria Constituição Federal de 1988 já previa em seu Art. 230 que "a família, a sociedade e o Estado têm o dever de amparar as pessoas idosas, assegurando sua participação na comunidade, defendendo sua dignidade e bem-estar e garantindo-lhes o direito à vida"[44]. Um primeiro passo relevante para a concretização do respeito com essa população veio com a Lei 8.842 de 1994 que criou a Política Nacional do Idoso[45]. O passo seguinte se deu com a aprovação da Lei 10.741/2003, conhecida como Estatuto do Idoso. Em 2022, o nome da lei passou a ser Estatuto da Pessoa Idosa, uma forma de torná-la mais inclusiva. O Art. 27 desse Estatuto informa que "na admissão da pessoa idosa em qualquer trabalho ou emprego, são vedadas a discriminação e a fixação de limite máximo de idade, inclusive para concursos, ressalvados os casos em que a natureza do cargo o exigir"[46]. Empresas que desrespeitam pessoas idosas, portanto, estão agindo contra a legislação do país e podem ser punidas por isso.

Embora o etarismo pareça ser uma regra no mundo corporativo, é possível identificar algumas boas práticas empresariais recentes que fogem da normalidade. Em 2020, a Unilever criou o programa "Senhor estagiário", com o objetivo de recrutar estagiários com mais de 55 anos[47]. Já a Votorantim criou em 2010 o programa "Melhor idade, melhor emprego" com o objetivo de contratar profissionais com mais de 45 anos[48].

---

44. Constituição Federal de 1988. Disponível em: https://www.planalto.gov.br/ccivil_03/constituicao/constituicao.htm

45. Política Nacional do Idoso. Disponível em: https://www.planalto.gov.br/ccivil_03/leis/l8842.htm

46. Estatuto da Pessoa Idosa. Disponível em: https://www.planalto.gov.br/ccivil_03/leis/2003/l10.741.htm

47. Disponível em: https://istoedinheiro.com.br/unilever-abre-vaga-de-estagio-para-pessoas-com-mais-de-55-anos/

48. Disponível em: https://exame.com/carreira/estas-empresas-criaram-programas-para-recrutar-quem-tem-mais-de-50-anos/

Empresas regenerativas são aquelas que não reproduzem a lógica do etarismo. Mais do que isso, em uma sociedade em que a regra do jogo é a discriminação etária, as empresas regenerativas atuam com ações afirmativas para a valorização da pessoa idosa.

Como podemos observar, o capacitismo está para a pessoa com deficiência da mesma forma que o machismo está para uma mulher, que o racismo está para um negro e que o sexismo para um LGBTQIA+. Enfrentar todas essas modalidades de discriminação é tarefa imperativa de uma empresa regenerativa.

2.8 Direito à preguiça

Hombre que trabaja
pierde tiempo precioso.
(Provérbio cubano)

Sejamos preguiçosos em
todas as coisas, exceto em amar
e beber, salvo por preguiça.
(Lessing)

Em 2021, o Tribunal Regional do Trabalho de Minas Gerais condenou a Americanas a pagar uma multa de R$ 400 mil por dano moral coletivo em uma ação movida pelo Ministério Público do Trabalho por assédio moral contra funcionários. De acordo com o MPT, entre as práticas que caracterizavam o assédio moral na Americanas estavam: tratamento desrespeitoso, inclusive com gritos e agressões verbais; humilhação de funcionários na frente de colegas e clientes; pressão excessiva para atingimento de metas e para o cumprimento de tarefas; ameaças de demissão; desvalorização do trabalho; coação para prática de atos ilícitos; vigilância constante; e proibição de saída para intervalos e ao final do expediente[49]. Tudo isso

---

49. Disponível em: https://economia.uol.com.br/noticias/redacao/2021/04/28/justica-trabalholojas-americanas-condenacao-assedio-moral.htm

era praticado pelos gerentes da empresa em nome do cumprimento das metas. Por trás disso está a ideia de que é a superexploração do trabalho a forma mais comum de se acumular capital na periferia do capitalismo (Marini, 2017).

Esse tipo arcaico de cultura empresarial não é privilégio apenas da Americanas. Infelizmente, trata-se de algo muito comum no século XX e ainda presente nas sociedades do século XXI. Para essa cultura empresarial capitalista, a disciplina do trabalhador sob o olhar atento e vigilante do patrão é o principal mecanismo de maximização do lucro. Isso é o que Foucault (1986) chamava de sociedade disciplinar.

Diferentemente do que ocorreu na Americanas, há empresas que encontraram caminhos alternativos para a realização de suas metas sem reproduzir essa lógica. Em 2019, a Microsoft resolveu fazer uma experiência em seus escritórios no Japão. Ao longo do mês de agosto, os 2.280 funcionários da empresa trabalharam apenas quatro dias na semana, de segunda-feira até quinta-feira. O resultado? A produtividade aumentou em 40%, os custos com energia elétrica diminuíram em 23% e a satisfação dos funcionários foi de 92%[50]. A ação da Microsoft não é isolada. Awin na Alemanha, Unilever na Nova Zelândia e dezenas de outras empresas são exemplos de como esse tipo de experiência corporativa vem ganhando espaço nesse início de século XXI. Afinal, trabalhadores mais felizes, satisfeitos e com maior qualidade de vida realizam um trabalho melhor. Algo que parece óbvio, mas que o capitalismo demorou para perceber.

Ao longo da história, a forma como encaramos o tempo de trabalho mudou bastante. Na Idade Média cristã, a preguiça era

---

50. Disponível em: https://vocerh.abril.com.br/futurodotrabalho/semana-de-4-dias-de-trabalhoganha-forca-com-aumento-da-produtividade/

vista como um dos sete pecados capitais. Trabalhar pouco era uma questão moralmente inaceitável pela Igreja Católica (Chauí, 2021). Com a Revolução Industrial no século XVIII e o despertar do capitalismo, a preguiça passou a ter uma conotação pejorativa dupla: era um problema moral para a ética protestante, mas também um problema econômico para a produtividade exigida pelo espírito do capitalismo (Weber, 2004). A consequência direta dessa nova ética era a exploração do trabalho pelo capital que fazia com que a jornada fosse de dezesseis horas diárias e que até mesmo crianças trabalhassem nas fábricas insalubres. Mais do que isso, nesse momento da história, a jornada semanal era de seis dias – o descanso ocorria apenas no domingo, para que os trabalhadores católicos pudessem cumprir com seus compromissos religiosos. Isso é o que Marx (2013) chamava de exploração da mais-valia absoluta, ou seja, a acumulação do capital a partir da intensidade da jornada de trabalho.

Contudo, no século XIX, alguns intelectuais começaram a criticar esse modo de pensar. Os primeiros a trazerem essa abordagem provavelmente foram Marx e Engels. Para eles, o sistema capitalista era baseado em uma exploração do trabalho que corroía todo o tempo dos trabalhadores. No futuro comunista, diziam os autores, os homens poderiam caçar pela manhã, pescar à tarde e filosofar após o jantar (Marx; Engels, 2007). Ou seja, na sociedade considerada ideal, a jornada deveria ser menor para que os homens e as mulheres pudessem desfrutar de outras atividades ao longo do dia. Marx (2011, p. 588) explicou como isso ocorreria: o desenvolvimento tecnológico e a automação permitiriam

> o livre desenvolvimento das individualidades e, em consequência, [...] a redução do trabalho necessário da sociedade como um todo a um mínimo, que corresponde então à formação artística, científica etc. dos indivíduos por meio do tempo liberado [...] (Marx, 2011, p. 588).

Graças à inovação, o trabalho seria automatizado, o que permitiria a redução da jornada.

Cubano radicado na França, Paul Lafargue publicou alguns anos depois, em 1880, um pequeno manifesto intitulado *O direito à preguiça*. Genro de Marx, Lafargue levou ao extremo a tese do sogro contra a exploração do trabalho promovida pelo sistema capitalista do século XIX. O que para uns era uma vocação religiosa e para outros uma necessidade econômica, para Lafargue não passava de uma insanidade. "Essa loucura traz em seu rastro misérias individuais e sociais que, durante séculos, torturaram a triste humanidade. Essa loucura é o amor ao trabalho, a paixão moribunda pelo trabalho, levada ao esgotamento das forças vitais do indivíduo [...]" (Lafargue, 2021, p. 59).

No século XX, a reflexão sobre as condições extenuantes do trabalho alcançou outras matrizes intelectuais. Na década de 1920, Henry Ford, um dos principais industriais dos Estados Unidos, reduziu a jornada semanal para cinco dias e oito horas diárias (Gomes, 2022). Para alguns, ainda era muito tempo. Keynes (1984), que nasceu em 1883, mesmo ano em que Marx morreu, chegou a advogar na década de 1930, em um ensaio intitulado *As possibilidades econômicas de nossos netos*, que no futuro do capitalismo a jornada diária poderia ser de três horas ou jornada semanal de quinze horas. Em 1935, foi a vez do filósofo inglês Bertrand Russell publicar *O elogio ao ócio*. Para Russell (2002), se a jornada fosse de quatro horas por dia, haveria o suficiente para todos e não haveria desemprego.

As ideias de todos esses autores não se perderam com o tempo. Nesse início de século XXI, Olivier Besancenot e Michael Löwy (2021, p. 20-21) recuperaram Marx para defender a ideia de que "a redução da jornada de trabalho é a condição fundamental da verdadeira liberdade humana, do tempo livre, durante o qual os seres humanos poderão desenvolver todas as suas potencialidades, mediante atividades cujo único objetivo é o florescimento humano". Besancenot já foi candidato presidencial na França em duas ocasiões, o que mostra que a proposta tem entrada também no mundo da política. Na Itália, o sociólogo Domenico de Masi (2000a e 2009) tem sido uma das mais veementes vozes em defesa da jornada diária de três horas, enquanto o economista da Universidade de Londres, Pedro Gomes (2022), tem advogado em favor da jornada de quatro dias. Gomes, inclusive, foi o responsável por coordenar a experiência-piloto da semana de quatro dias, organizada pelo Ministério do Trabalho, Solidariedade e Segurança Social em Portugal em 2023. O economista argumenta que a redução da jornada é uma vantagem competitiva. "A semana de quatro dias pode ser uma alternativa a aumentos salariais por parte de pequenas e médias empresas que não têm a capacidade financeira para competir com salários mais elevados pagos pelas grandes empresas", explica Gomes (2023). No caso de Domenico de Masi (2000b), há uma profunda crítica teórica à idolatria do trabalho e uma defesa daquilo que define como "ócio criativo".

Esse é um processo certamente difícil na medida em que ainda vigora, no *mainstream* capitalista, a noção de extrair o máximo possível dos trabalhadores em nome do lucro. Basta dizer que, apesar da Organização Internacional do Trabalho (OIT) recomendar de forma conservadora que a jornada semanal seja de quarenta horas, apenas quinze nações respeitam essa orientação. No Brasil, por exemplo, a jornada semanal é de 44 horas, conforme o Art. 7.º da Constituição de 1988.

A questão central não é exatamente se a jornada de trabalho ideal é a de quatro dias por semana, como tentam Microsoft, Awin e Unilever, de três horas por dia, como preferem Keynes e De

Masi, ou de quatro horas diárias como sugere Russell. O ponto fundamental que a sustentabilidade exige é oferecer alternativas para que os trabalhadores possam trabalhar cada vez menos e viver cada vez mais. Uma Empresa Regenerativa é aquela que entende que a qualidade de vida do trabalhador está acima do lucro exorbitante de seus acionistas. E uma forma de se garantir essa qualidade de vida é com a redução da jornada de trabalho independentemente do que permita a legislação.

2.9 Direito à desconexão

Vivemos tempos cada vez mais acelerados, o que parece ser um consenso na literatura. Sociedade pós-industrial, sociedade pós-fordista, ou modernidade líquida são apenas alguns dos conceitos formulados para explicar essa aceleração do capitalismo registrada a partir da crise do Estado de bem-estar social na década de 1970. O que se percebe é que a estabilidade e a previsibilidade proporcionadas pelo capitalismo que vigoraram na maior parte do século XX, nessas últimas décadas foram substituídas pela instabilidade e pela imprevisibilidade no mundo do trabalho. É precisamente isso o que Richard Sennett, um dos maiores sociólogos do trabalho, entende como a corrosão do caráter.

Em *A corrosão do caráter*, Sennett analisa a mudança geracional ocorrida em uma família de trabalhadores nos Estados Unidos. O pai, Enrico, foi um típico trabalhador da década de 1970, com um emprego simples, mas estável e rotineiro. Os laços de solidariedade comunitária com seus vizinhos eram firmes, bem como a participação no sindicato. Seu objetivo de vida, bem previsível e linear, era economizar recursos na poupança para pagar no futuro a educação universitária dos dois filhos. E o velho Enrico atingiu sua meta. Seu filho, Rico, na década de 1990, concluiu a graduação em engenharia elétrica em uma universidade local. A partir de então, a experiência de vida do filho foi bem diferente do pai. Com uma carreira em ascensão, Rico mudou de cidade em cidade a cada nova oportunidade de emprego que lhe pagasse melhor. Com isso, Rico nunca criou nenhum laço de solidariedade com vizinhos ou colegas de trabalho. Além disso, não havia como manter relacionamento com os pais dos colegas das crianças, já que as escolas eram outras a cada ano. Muitas vezes, Rico levava afazeres para casa, o que o impedia de manter um contato mais forte com a família. Sem estabilidade, Rico precisava mergulhar no emprego e, em decorrência disso, perdia seus laços de solidariedade comunitária e familiar. Sua carreira era de sucesso, mas instável e imprevisível. Ao comparar essas duas gerações, Sennett (2001) percebeu como o capitalismo flexível da virada do século XX para o XXI não permite que os trabalhadores construam narrativas coerentes para suas vidas e impede a formação do caráter.

    O filme *Sergio*, baseado na vida do diplomata brasileiro Sergio Vieira de Mello, que atuou nas Nações Unidas, exemplifica bem o ponto de Sennett. Sergio Vieira de Mello teve uma vida pública que deveria orgulhar todos os brasileiros. Alto Comissário das Nações Unidas para os Direitos Humanos, Vieira de Mello foi o enviado pela ONU para solucionar a guerra do Iraque em 2003. Reconhecido como um homem brilhante, muitos acreditavam que ele poderia se tornar futuramente secretário-geral da ONU. Infelizmente, morreu em um atentado terrorista no escritório da ONU em Bagdá. Apesar dessa biografia pública impecável, há uma passagem interessante sobre a sua vida privada que é relatada no filme. Em determinado momento de folga, no Rio de Janeiro, Sergio resolve fazer um almoço para os filhos que quase nunca encontra. Afinal, as viagens de trabalho o deixam permanentemente distante da família. Na cena, um belo prato com camarão é servido por Wagner Moura, ator que interpreta Sergio no filme. Um de seus filhos, no entanto, não toca na comida. "Não gostou?", pergunta Sergio. A resposta é surpreendente: "Pai, eu sou alérgico ao camarão desde que nasci", responde o adolescente. O homem que detinha informações sobre os principais conflitos internacionais do mundo não se lembrava de um dado fundamental para a saúde do próprio filho. Sennett poderia diagnosticar: eis aí a corrosão do caráter.

Um passo importante nessa direção veio com o desenvolvimento das tecnologias da informação. Em tese, esse desenvolvimento tecnológico possibilita aquilo que Marx (2013) chamou de exploração da mais-valia relativa, ou seja, o acúmulo do capital a partir de tecnologias que intensificam a produção sem alterar a jornada de trabalho. Mas não foi só isso o que ocorreu. Assim como Sennett, o sociólogo espanhol Manuel Castells compreendeu e interpretou esse mundo em transição no calor do momento. Castells (1999, p. 285) percebeu que "a flexibilidade dos processos e dos mercados de trabalho, induzida pela empresa em rede e propiciada pelas tecnologias da informação, afeta profundamente as relações sociais da produção herdadas do industrialismo". O que Castells observou de forma pioneira foi que essas novas tecnologias da informação introduziram não apenas um novo modelo de trabalho flexível, mas também um novo tipo de trabalhador, o trabalhador de jornada flexível. A consequência imediata desse processo é a individualização do trabalho e a fragmentação da sociedade. Note-se que Castells escreveu na década de 1990, quando a rede mundial de computadores dava seus primeiros passos.

Tudo isso impulsionou, nesse início de século XXI, uma forma de exploração mais invisibilizada, que é aquela autoimposta por alguns trabalhadores empreendedores: a autoexploração que faz com que o indivíduo estresse seu desempenho ao máximo e, assim, se martirize na busca pelo lucro. O filósofo sul-coreano Byung-Chul Han caracteriza esse fenômeno como sociedade do cansaço. Para Han (2017), vivemos no século XXI a transição da sociedade disciplinar – aquela mencionada na seção anterior – para a sociedade do desempenho. Na sociedade de desempenho, o trabalhador é empresário de si mesmo. Se a sociedade disciplinar era baseada na negatividade da proibição em que dominava o não-ter-o direito, a sociedade do desempenho é caracterizada pela positividade em que entram projeto, iniciativa e motivação. Nessa sociedade do cansaço, multiplicam-se os *coaches* e suas frases motivacionais prontas como "trabalhe enquanto eles dormem", para aumentar o desempenho individual do trabalhador. Se a sociedade disciplinar gerava loucos e delinquentes, a sociedade do desempenho produz depressivos e fracassados. Para elevar a produtividade, argumenta Han (2017, p. 25), "o paradigma da disciplina é substituído pelo paradigma do desempenho ou pelo esquema positivo do poder, pois a partir de um determinado nível de produtividade, a negatividade da proibição tem um efeito de bloqueio, impedindo um maior crescimento". Na sociedade do desempenho, a depressão se torna uma epidemia. "A depressão é o adoecimento de uma sociedade que sofre sob o excesso de positividade", conclui Han (2017, p. 29). É uma doença pois, afinal de contas, em algum momento as pessoas precisam dormir, precisam descansar, precisam frequentar festas, precisam gozar a vida. O produto dessa sociedade do desempenho é a sociedade do cansaço.

Com o desenvolvimento da internet tudo isso foi extrapolado ao limite. Mensagens por e-mail, ou pior, por redes sociais, conectam os trabalhadores aos patrões 24 horas por dia, sete dias por semana. Mensagens via WhatsApp no meio da madrugada ou e-mails recebidos no fim de semana tornaram-se comuns. Mesmo que o trabalhador não precise responder aquela mensagem imediatamente, somente o fato de tê-la recebido fora de seu expediente já é o suficiente para tornar estressante o momento que deveria ser de sua folga. O trabalhador utiliza esse momento que seria de descanso para trabalhar no celular, supostamente potencializando seu desempenho. Essa é uma das razões pelas quais o adoecimento no trabalho tem sido algo cada vez mais comum. Em 2019, a Organização Mundial da Saúde chegou a classificar esse fenômeno como uma doença: o *burnout*. De acordo com a literatura, o *burnout* pode ser definido como uma "síndrome psicológica decorrente do estresse crônico laboral, composta por três dimensões: exaustão emocional, despersonalização/cinismo e baixa realização pessoal" (Vieira; Russo, 2019).

Para solucionar tal problema, alguns países têm adotado o chamado Direito à Desconexão. Foi o que fizeram a França em 2016, o Chile em 2020 e a Espanha e Portugal em 2021, entre outros países. Na França, a Lei 2016-1088 assegura que as empresas terão o dever de criar instrumentos de regulamentação das ferramentas digitais para garantir o respeito aos tempos de descanso e licença, bem como o equilíbrio entre a vida profissional, a vida pessoal e a vida familiar (França, 2016). No caso chileno, a lei assegura que o tempo de desconexão deve ser de pelo menos doze horas contínuas em um período de vinte e quatro horas. A lei proíbe ainda o empregador de estabelecer comunicações ou formular ordens ou outros requisitos em dias de descanso, licenças ou férias anuais dos trabalhadores. Já a lei portuguesa diz que "o empregador tem o dever de se abster de contactar o trabalhador no período de descanso, ressalvadas as situações de força maior" (Portugal, 2021).

Uma das razões pelas quais tantos países começaram a adotar o direito à desconexão em suas legislações foi a pressão exercida de baixo para cima pelos movimentos de trabalhadores em todo o mundo. A *Uni Global Union*, rede que reúne trabalhadores do setor de serviços de mais de 150 países, elaborou um documento para explicar aos sindicatos como reivindicar em seus países leis de direito à desconexão. Conforme pode ser lido no manual, o direito à desconexão "tem o objetivo de estabelecer limites para o uso da comunicação eletrônica e de fornecer aos trabalhadores a oportunidade de melhorar o equilíbrio entre o trabalho e a via pessoal e garantir que tenham tempo suficiente para descansar e se dedicar à família" (Uni, 2020).

Se há necessidade da pressão sindical e da aprovação de legislações nacionais que garantam o direito à desconexão, é porque existem empresas que não respeitam seus trabalhadores. Infelizmente, elas ainda representam a maior parte das corporações. A Empresa Regenerativa do século XXI é aquela que, independentemente da legislação ou da pressão sindical, adota como elemento de sua Governança Corporativa o direito à desconexão.

Como é possível imaginar, tanto o direito à desconexão, quanto o direito à preguiça mencionado anteriormente, contribuem para o cumprimento do ODS 8 – Trabalho decente e crescimento econômico, em particular nas metas que tratam do trabalho decente e da proteção dos direitos trabalhistas.

2.10 Salário-máximo

Todo mundo sabe muito bem o que significa o salário-mínimo. Criado na Austrália e na Nova Zelândia, em fins do século XIX, e no Brasil, na década de 1930, o salário-mínimo tem como pressuposto a ideia de que nenhum trabalhador deve vender sua força de trabalho abaixo de um determinado valor considerado ilegal e indigno. No caso brasileiro, a Constituição de 1988 define o seu significado quando lista entre os direitos dos trabalhadores urbanos e rurais um salário-mínimo "capaz de atender a suas necessidades vitais básicas e às de sua família com moradia, alimentação, educação, saúde, lazer, vestuário, higiene, transporte e previdência social, com reajustes periódicos que lhe preservem o poder aquisitivo" (Brasil, 1988). Trata-se de uma peça de ficção se considerarmos que o salário-mínimo fixado em lei no Brasil nunca assegurou plenamente essas "necessidades vitais básicas" para ninguém[51]. Mas, ainda assim, todos sabem o que significa o salário-mínimo.

Se o salário-mínimo desfruta de toda essa fama e história, o mesmo não pode ser dito do salário-máximo. Afinal, embora sua necessidade seja intuitiva, trata-se de uma iniciativa não positivada em lei em nenhum país capitalista do mundo. Talvez a primeira iniciativa na direção de um salário-máximo tenha partido do filósofo Felix Adler, ao defender, em 1880, uma taxa de imposto de 100% sobre a renda acima do ponto em que uma certa quantia alta e abundante fosse alcançada. Alguns poderiam considerar Adler um idealista, mas não o Presidente Franklin D. Roosevelt que, em 1942, pediu ao Congresso estadunidense uma alíquota máxima de 100%, que não deixaria nenhum indivíduo com mais de US$ 25.000 de renda anual – cerca de US$ 375.000 hoje (Pizzigati, 2018).

---

51. De acordo com o Departamento Intersindical de Estatísticas e Estudos Socioeconômicos, o Dieese, o salário-mínimo em 2023, que era de R$ 1.302,00, deveria ser, na verdade, de R$ 6.641,58, para cumprir o que diz a Constituição de 1988. Disponível em: https://www.dieese.org.br/analisecestabasica/salarioMinimo.html

Mais próximo de nós, na década de 1970, o economista liberal Peter Drucker falava sobre a necessidade de haver uma proporção de 25 para 1 entre os ganhos dos CEOs e dos funcionários[52]. Os suíços até chegaram perto de aprovar um salário-máximo em 2013, quando um referendo mobilizou a opinião pública naquele país por meses com uma ideia simples: o salário mais alto pago em uma empresa não poderia exceder em 12 vezes o salário mais baixo. A maior parte da população, entretanto, rejeitou a proposta. Na França, o debate também é recorrente no discurso do líder da esquerda francesa, Jean-Luc Mélenchon, defensor de uma diferença máxima de vinte vezes na relação entre o menor e o maior salário dentro de uma mesma empresa. Mas o programa de Mélenchon foi derrotado em suas tentativas de conquistar a presidência do país.

Um dos maiores defensores do salário-máximo, Sam Pizzigati, traz alguns dados interessantes sobre algumas grandes empresas. A farmacêutica Roche, por exemplo, paga para um alto executivo 236 vezes mais do que para o mais baixo da firma, enquanto na Nestlé a diferença é de 188 vezes (Pizzigati, 2013). O CEO do McDonald's, Stephen Easterbrook, levou para casa em 2017 um salário de US$ 21,8 milhões, ou seja, 3.101 vezes mais do que o funcionário típico do McDonald's em todo o mundo (Pizzigati, 2018). No caso da Americanas, no Brasil, o ganho do CEO era 400 vezes a média dos colaboradores (Marques; Bertão, 2023).

Existem ao menos duas razões pelas quais um salário-máximo é uma boa medida a ser adotada. Em primeiro lugar, como instrumento de redução de desigualdades, pois a impossibilidade da existência de salários astronômicos reduz a diferença entre os

---

52. Disponível em: https://www.insper.edu.br/noticias/os-salarios-dos-presidentes-das-empresassao-exorbitantes/

cidadãos. É isso o que Pizzigati (2018) argumenta quando diz que, para reduzir a desigualdade é preciso batalhar por mais do que medidas redistributivas. Em primeiro lugar é preciso uma economia pré-distributiva que gere menos desigualdade. Em segundo lugar, pela capacidade de melhorar a qualidade de vida dos trabalhadores mais pauperizados. Com o salário-máximo em vigor, sempre que os altos dirigentes da empresa quiserem aumentar seus rendimentos, terão de aumentar necessariamente os salários mais baixos. Com isso, reduz-se a desigualdade enquanto cresce a renda dos mais pobres, o que promove a inclusão social. Trata-se, precisamente, daquilo que menciona o ODS 10 – Redução das desigualdades.

É interessante observar que, no Brasil, pelo menos desde a década de 1990, esse entendimento sobre a necessidade de um salário-máximo já estava presente, ainda que indiretamente. No modelo de balanço social propagandeado nos anos de 1990 pelo Instituto Brasileiro de Análises Sociais e Econômicas, o Ibase, dirigido pelo sociólogo Herbert de Souza, já havia, como um indicador de exercício da cidadania empresarial, a relação entre a maior e a menor remuneração da empresa (Torres, 2008). Betinho, como sabemos, estava à frente de seu tempo. Mais tarde também o Instituto Ethos passou a adotar esse critério de avaliação em seus balanços[53].

O fato de o salário-máximo não ter virado uma lei não significa que essa seja uma causa perdida. Uma Empresa que se pretenda regenerativa deve ter isso em mente e adotar essa política salarial, independentemente da exigência legal.

---

53. Disponível em: https://www3.ethos.org.br/wpcontent/uploads/2012/12/6Vers%C3%A3o2002.pdf

2.11 Cadeia de suprimentos sustentável e diligência prévia socioambiental

Na noite do dia 22 de fevereiro de 2023, uma ação conjunta entre a Polícia Rodoviária Federal (PRF), a Polícia Federal (PF), o Ministério do Trabalho e Emprego (MTE) e o Ministério Público do Trabalho (MPT) do Rio Grande do Sul resgatou mais de duzentos trabalhadores que enfrentavam condições de trabalho análogas às da escravidão em Bento Gonçalves, no Rio Grande do Sul. De acordo com relatos desses trabalhadores, eles enfrentavam atrasos nos pagamentos dos salários, violência física, longas jornadas de trabalho e oferta de alimentos estragados. Todos trabalhavam para uma mesma empresa, a desconhecida Oliveira & Santana.

Casos como esse de condições análogas à da escravidão infelizmente são recorrentes no Brasil. Na maior parte das vezes, a sociedade sequer fica sabendo da existência desse tipo de relação trabalhista terrível que ainda persiste no país. Mas o que aconteceu em Bento Gonçalves ganhou destaque incomum na imprensa. A razão é simples: a Oliveira & Santana é uma prestadora de serviços de três grandes vinícolas brasileiras: a Aurora, a Garibaldi e a Salton. Isso significa dizer que uma parte considerável da classe média e da elite econômica do país provavelmente já tomou um vinho ou um suco de uva dessas empresas que, no fim das contas, foi produzido por um trabalhador em situação análoga à da escravidão. O sentimento de culpa de beber vinho com esse sabor amargo pesou e a denúncia circulou com rapidez pelas redes sociais.

Esse caso traz uma outra curiosidade. As três vinícolas apresentavam em seus sites compromissos com a sustentabilidade. No site da Aurora lemos que a gestão está baseada no conceito Triple Bottom Line, que visa unir pessoas, planeta e lucros na promoção de uma sustentabilidade ampla. Assim, o desenvolvimento social está intimamente ligado às ações de ecoeficiência e preservação ambiental, sem precisar perder de vista a lucratividade do negócio[54].

A Garibaldi afirma praticar "os quatro pilares estratégicos das práticas sustentáveis: ecologicamente corretos; socialmente justos; culturalmente diverso; e economicamente viável". Também diz que "mantém princípios internos de sustentabilidade, crescendo de forma saudável junto a seus associados e colaboradores"[55]. Já o site da Salton diz que a empresa "está empenhada em integrar os aspectos ambientais, sociais e de governança (ESG) em todas as etapas do processo produtivo e junto aos diferentes *stakeholders* que formam a nossa cadeia de valor". Diz ainda que "a sustentabilidade para a Salton é fundamentada em três pilares estratégicos: Produção Sustentável, Relacionamentos Prósperos e Governança ESG"[56]. No caso da Salton, a ironia é maior. Em 29 de julho de 2022, o site da empresa anunciou o ingresso da vinícola no Pacto Global da ONU no Brasil. Trata-se, afirmava a Salton, de "iniciativa das Nações Unidas (ONU) para mobilizar a comunidade empresarial na adoção e promoção, em suas práticas de negócios, de dez princípios universalmente aceitos nas áreas de direitos humanos, trabalho, meio ambiente e combate à corrupção".

Esse não é um caso isolado. Ao contrário, são muitas as denúncias do MPT sobre condições de trabalho análogas à escravidão, uma média de 250 empregadores flagrados com trabalho

---

54. https://www.vinicolaaurora.com.br/responsabilidade-social
55. Disponível em: https://www.vinicolagaribaldi.com.br/a-cooperativa/sustentabilidade/5
56. Disponível em: https://www.salton.com.br/estrategia-esg

escravo a cada ano (Moncau, 2023). E mesmo grandes empresas são encontradas com recorrência nessa situação. A própria Americanas, em 2013, teve de pagar R$ 250 mil para entidades assistenciais sem fins lucrativos por comprar roupas infantis de um fornecedor quarteirizado que explorava trabalhadores em condições trabalhistas análogas às de escravo[57].

É certamente possível acreditar que tanto as três vinícolas quanto a Americanas de fato não sabiam que as condições de trabalho das empresas terceirizadas que contrataram para o serviço eram aquelas. Contudo, esse desconhecimento não as inocenta. Pois, como já foi dito, uma governança corporativa só é sustentável se incorporar todos os *stakeholders* em seu ciclo de sustentabilidade, inclusive a cadeia de suprimentos, os seus fornecedores e demais terceirizados.

Uma forma de garantir que a cadeia de suprimentos – *supply chain* – seja sustentável é por meio da *Due Diligence* socioambiental. *Due Diligence*, ou diligência prévia, é uma prática muito comum no mercado de fusões e aquisições. Trata-se de uma investigação realizada pela empresa para avaliar se a organização que pretende incorporar não possui riscos ou passivos financeiros desconhecidos (Tanure; Cançado, 2005). No entanto, essa ação tem tradicionalmente um viés meramente econômico. Uma *Due Diligence* socioambiental, por outro lado, adiciona a essa investigação prévia critérios trabalhistas e ambientais. A *Due Diligence* socioambiental permite avaliar se a empresa interessada em entrar na cadeia de fornecimento não polui o meio ambiente ou burla as legislações trabalhistas.

---

57. Disponível em: https://g1.globo.com/sp/campinas-regiao/noticia/2013/10/americanas-pagarar-250-mil-por-trabalho-escravo-em-cadeia-produtiva.html

Uma proposta nessa direção surgiu na Alemanha no início de 2023 com a entrada em vigor da Lei da Cadeia de Fornecimento. Essa nova Lei propõe que empresas com mais de 3 mil funcionários devem observar o cumprimento dos direitos humanos em suas cadeias de fornecimento[58]. Porém, não se trata de algo inédito na Europa. Já em 2022 a Comissão Europeia aprovou a proposta conhecida como *Corporate Sustainability Due Diligence* para que os Estados-membros da União Europeia adotem diligências prévias ambientais e de direitos humanos em suas cadeias de fornecimento[59].

O Supply chain sustentável construído a partir de uma *Due Diligence* socioambiental pode contribuir decisivamente com as metas do ODS 8 que tratam da erradicação do trabalho forçado e da garantia do trabalho decente. Ainda que leis como a da Alemanha e a da Comissão Europeia sejam bem-vindas, não é preciso aguardar por elas. A Empresa Regenerativa é aquela que adota a *Due Diligence* socioambiental como prática com o objetivo de garantir uma *Supply chain* sustentável independentemente da obrigação legal.

2.12 A empresa com paredes de vidro: *accountability*, transparência e relatórios de sustentabilidade

> *O amor pela verdade pode temporariamente custar caro a quem o exercita. Mas a verdade acaba por triunfar da mentira. A política da mentira está condenada à derrota final. É à política da verdade que o futuro pertence.*
> (Cunhal, 1985, p. 198)

---

58. Disponível em: https://www.csr-in-deutschland.de/EN/Business-Human-Rights/Supply-ChainAct/supply-chain-act.html

59. https://ec.europa.eu/commission/presscorner/detail/en/ip_22_1145

Álvaro Cunhal, brilhante intelectual português do século XX, costumava dizer como deveria ser um partido político de "novo tipo". Para Cunhal (1985), esse "partido de novo tipo" deveria prezar a verdade acima de tudo: seria um "partido com paredes de vidro". Parafraseando Cunhal, poderíamos dizer que uma empresa de novo tipo, como vem a ser a Empresa Regenerativa, deve ser uma empresa com paredes de vidro. Em outras palavras, deve ser uma empresa alicerçada na transparência e na *accountability*.

Accountability é um termo em inglês, sem tradução para o português, que agrupa significados como responsividade, prestar contas e agir com transparência. Conforme a norma nacional ABNT NBR 16001, baseada na norma internacional ISO 26000 de responsabilidade social, a *accountability* pode ser entendida como "condição de responsabilizar-se por decisões e atividades e de prestar contas destas decisões e atividades aos órgãos de governança, autoridades legais e às partes interessadas da organização". Já por transparência compreende-se a "franqueza sobre decisões e atividades que afetam a sociedade, a economia e ao meio ambiente e a disposição de comunicá-las de forma clara, precisa, tempestiva, honesta e completa"[60].

O balanço social foi uma das primeiras formas de se garantir a transparência e a *accountability* corporativa. No Brasil, esse instrumento de gestão ganhou maior visibilidade a partir da década de 1990, com a campanha do sociólogo Hebert de Souza, o Betinho, por meio do Ibase, para que empresas produzissem e publicassem voluntariamente seus balanços sociais. Seguindo o exemplo do balanço social do Ibase, um grupo de empresários e executivos da iniciativa privada criou em 1998 no Brasil o Instituto

---

60. Disponível em: http://www.inmetro.gov.br/qualidade/responsabilidade_social/norma_nacional.asp

Ethos. O instituto permite que empresas adotem os chamados Indicadores Ethos como ferramentas de gestão para incorporar a sustentabilidade nas estratégias de negócio.

Os balanços sociais do Ibase e do Instituto Ethos, todavia, não são os únicos modelos. Aliás, os modelos mais atuais já não são mais chamados de balanços sociais, mas sim de relatórios de sustentabilidade. Um dos modelos de relatório de sustentabilidade mais replicados internacionalmente é o oferecido pela *Global Reporting Initiative* – GRI. Fundada em 1997 nos Estados Unidos e atualmente com sede em Amsterdã, a GRI possui o modelo de relatório de sustentabilidade mais utilizado no mundo. A GRI conta com dezenas de indicadores, divididos nas áreas econômica, ambiental e social.

Criado em 2011 nos Estados Unidos, o Sustainability Accounting Standards Board, Sasb, é uma organização independente que tem por característica apresentar padrões de relatórios de sustentabilidade para diferentes atividades econômicas. Em 2021, o Sasb fez uma fusão com o International Integrated Reporting Council, IIRC, e assim surgiu a Value Reporting Foundation. Ao unificar os padrões estabelecidos pelas duas instituições, a Value Reporting Foundation facilitou a vida do mundo corporativo preocupado em ter transparência em suas ações de sustentabilidade.

Outro modelo ainda mais rigoroso é o chamado Sistema B. Criado em 2006 nos Estados Unidos, o Sistema B promove consultorias para que empresas adotem práticas socioambientais em suas gestões a partir da Avaliação de Impacto B. Qualquer empresa pode fazer uma Avaliação de Impacto B para ajustar sua gestão, mas nem todas que fazem recebem um certificado de Empresa B. Em 2022, o Sistema B já contava com 400 mil trabalhadores registrados em cerca de 5 mil Empresas B certificadas em 79 países. Só no Brasil, mais de 10 mil empresas já haviam utilizado a Avaliação de Impacto B até 2022[61]. Esse modelo é considerado mais rigoroso, pois não basta que a empresa comprove suas ações de mitigação e adaptação; é necessário também demonstrar que a companhia está comprometida em ter impacto socioambiental positivo. No Brasil, uma das organizações que conseguiu o certificado B foi a Natura.

Demonstrar confiança para os *stakeholders* é fundamental na apresentação dos relatórios de sustentabilidade. Por essa razão, é muito importante que esses relatórios sejam acompanhados pelas chamadas cartas de asseguração. Cartas de asseguração são relatórios conduzidos por auditorias independentes e externas que confirmam a veracidade dos dados indicados nos relatórios de sustentabilidade. Essa asseguração pode ser limitada ou razoável. A asseguração limitada é relativamente incompleta, em geral baseada em análises sem todas as informações disponíveis. Já a asseguração razoável, mais rigorosa, reduz os riscos de erros no conteúdo dos relatórios. Por óbvio, a asseguração razoável deve ser privilegiada pelas empresas comprometidas com a transparência. Entre as principais auditorias externas que realizam essas assegurações no mundo as mais conhecidas são certamente a KPMG, a PwC, a Deloitte e a Ernst & Young.

Cabe ressaltar, entretanto, que mesmo essas cartas de asseguração não estão imunes a desvios. No já mencionado caso da Enron, em 2001, toda a fraude contou com a complacência de uma das maiores firmas de auditoria da época, o escritório Arthur Andersen. E falhas, não necessariamente fraudes, têm ocorrido reiteradamente nesse sistema. No início de 2023, três bancos do Vale do Silício faliram: SVB, Signature e First Repu-

---

61. https://sistemabbrasil.org/seja-empresa-b/

blic. Em comum, os três bancos foram auditados pela KPMG, e a firma nunca percebeu inconsistências contábeis neles. No caso da Americanas no Brasil, a PwC foi a responsável por assegurar a veracidade dos dados contábeis da empresa que, agora, todos sabem, eram falsos. O que talvez seja o próximo passo da sustentabilidade corporativa é a contratação de, pelo menos duas auditorias externas, independentes e concorrentes na formulação das cartas de asseguração.

Tudo isso é muito importante, mas o fundamental para a transformação historicamente exigida é também uma mudança de *mindset*. Guerreiro Ramos, sociólogo que dedicou sua vida ao estudo das organizações, observou a existência de duas racionalidades na sociedade: a instrumental e a substantiva. Ramos (1981) entendia que o mundo empresarial estava capturado pela racionalidade instrumental, utilitária e calculista. Para essa racionalidade instrumental só o resultado econômico importa. Ramos advogava por uma racionalidade substantiva, mais holística e reflexiva. A partir desses conceitos, Saraiva (2014) analisou os relatórios de sustentabilidade de algumas empresas de diferentes segmentos. A pesquisadora constatou que a racionalidade predominante nos relatórios de sustentabilidade é a racionalidade instrumental, pois esses documentos foram utilizados apenas como estratégia de comunicação organizacional para a construção de uma reputação corporativa favorável ao negócio com intuito de atrair investimentos. O que falta para a maior parte das empresas, avalia Saraiva (2014, p. 113), é uma racionalidade substantiva que transforme o relatório de sustentabilidade em "um instrumento de gestão fundamental para reflexão da empresa sobre a sua atuação em um contexto mais amplo, que depende da interação com diversos stakeholders para alcançar o desenvolvimento de forma sustentável".

Em síntese, como vimos até aqui, uma Empresa Regenerativa é aquela que adota os critérios de governança corporativa inclusiva levantados neste capítulo e os publiciza para todos os seus *stakeholders* com transparência por meio de balanços sociais ou relatórios de sustentabilidade inspirados nas melhores práticas do cenário internacional.

3
Valor compartilhado

No debate sobre o desenvolvimento, há um risco de cairmos em dois extremos. Por um lado, o risco mais perigoso é o de aceitarmos a lógica do produtivismo desenfreado como proposto por Friedman (2014). O lucro acima de tudo, ainda que isso leve ao fim de nossa espécie no longo prazo. Mas há também um outro extremo que seria a teoria do decrescimento (Georgescu-Roegen, 2012; Latouche; Harpagès, 2010) ou o que alguns chamam de santuarismo (Bezerra, 2019), ou seja, a transformação da natureza em um santuário intocado. Entre esses dois extremos há uma mediação possível que pode mesclar ciência e inovação tecnológica com cultura e tradições nativas. O *valor compartilhado* é a base do desenvolvimento que segue por esse caminho do meio. Esse é o segundo eixo da Empresa Regenerativa.

Podemos dizer que um primeiro passo nessa direção foi dado com a noção de criação de valor sustentável. Hart e Milstein (2004) propuseram um modelo de criação de valor sustentável complexo e multidimensional baseado em quatro ações estratégicas que as empresas deveriam adotar: (1) aumentar lucros e minimizar riscos e perdas das operações correntes por meio do combate à poluição; (2) acelerar a inovação e o reposicionamento por meio de tecnologias limpas; (3) ampliar a interação e o diálogo com os *stakeholders* externos, otimizando a reputação e a legitimidade por meio do gerenciamento de produto; (4) cristalizar uma visão de sustentabilidade, a partir do desenvolvimento de soluções economicamente interessantes para os problemas sociais e ambientais do futuro. Assim, a criação de valor sustentável foi o primeiro grande antecedente para a posterior ideia de criação de valor compartilhado que discutiremos neste capítulo.

O conceito de valor compartilhado foi formulado originalmente por Michael Porter e Mark Kramer em 2006. Se já estava clara a importância de considerar os *stakeholders* e de operar um casamento entre as dimensões social, ambiental e econômica, faltava ainda um maior aporte de convencimento em torno dos benefícios econômicos da sustentabilidade corporativa. Foi isso o que Porter e Kramer (2006) demonstraram com a noção de responsabilidade social como vantagem competitiva em artigo publicado na *Harvard Business Review*. Para os autores, a responsabilidade social empresarial "pode ser muito mais do que um custo, um entrave ou uma ação filantrópica – pode ser uma fonte de oportunidades, inovação e vantagem competitiva"; ou seja, "sucesso empresarial e bem-estar social não são um jogo de soma zero" (Porter; Kramer, 2006, p. 2).

Essa vantagem competitiva é possível quando as empresas apostam no princípio do valor compartilhado com a sociedade. E o que é o valor compartilhado? Por mais bem intencionada que seja, nenhuma empresa tem sozinha o poder de resolver todas as questões sociais do mundo. O valor compartilhado pressupõe que cada empresa deva se concentrar em questões que tenham alguma interseção com sua área de atuação. Assim, o valor compartilhado gera "um benefício relevante para a sociedade e valioso também para a empresa" (Porter; Kramer, 2006, p. 5). Ou seja, questões sociais genéricas devem ser dispensadas para que a empresa priorize impactos sociais na cadeia de valor. Quando a Toyota, de forma pioneira no mundo, lançou, em 1997, um modelo de veículo híbrido – elétrico e a gasolina – ela gerou um forte impacto social em sua cadeia de valor. Ao mesmo tempo em que produziu um carro que reduziu a poluição e trouxe benefícios ambientais para a comunidade, a Toyota assumiu uma posição única de valorização no mercado. Isso é o valor compartilhado. Se, no lugar dessa inovação tecnológica, a empresa tivesse apenas apostado em outra atividade social que não faz parte de sua atividade-fim – distribuição de comidas, patrocínios etc. – talvez o impacto social fosse bem menor.

Em 2011, Porter e Kramer atualizaram a teoria do valor compartilhado. Os autores demonstraram como há três formas de se gerar valor compartilhado: (1) reconceber produtos e mercados; (2) redefinir a produtividade na cadeia de valor; (3) e montar *clusters* setoriais de apoio nas localidades da empresa, pois, afinal, empresa nenhuma é autossuficiente. Porter e Kramer (2011, p. 18) concluem que "o valor compartilhado faz a empresa se concentrar no lucro certo: o lucro que gera – em vez de reduzir – benefícios para a sociedade".

Esse valor compartilhado pode ser desenvolvido de diversas maneiras. A seguir veremos algumas experiências que merecem ser reproduzidas e outras que devem ser evitadas.

3.1 Modelo de Negócios Sustentável

O primeiro passo para que uma Empresa Regenerativa adote o valor compartilhado é ter um Modelo de Negócios Sustentável. O conceito de modelo de negócios é relativamente novo na literatura e remete a meados dos anos 1990, quando ocorreu o advento da *internet* (Zott; Amit; Massa, 2011). Justamente por ser novo, não há ainda um consenso sobre a sua definição. Por considerá-lo simples, amplo e preciso, adoto o conceito proposto por Geissdoerfer, Vladimirova e Evans (2018, p. 402, tradução nossa), qual seja, "modelos de negócio são representações simplificadas de proposição, criação, distribuição e captura de valor e das interações entre esses elementos dentro de uma unidade organizacional".

Com o avanço da agenda da sustentabilidade nas últimas décadas, algumas empresas passaram a ter a preocupação de incluir em seus modelos de negócios ações socioambientais como parte da responsabilidade social corporativa exigida pelos *stakeholders*. Contudo, esse tipo de ação não é suficiente para uma Empresa Regenerativa, pois a sustentabilidade não é algo que possa ser alcançado como um mero objetivo utilitário. A sustentabilidade não será possível se as empresas, mesmo as bem-intencionadas, continuarem acreditando que basta separar uma parte do orçamento para ações socioambientais pontuais. Essas ações pontuais não atingirão o fim desejado se o espírito que move o modelo de negócios da empresa permanecer sendo aquele da busca de lucros e de crescimento incessante, como pregava Friedman. Esse velho arranjo precisa ser substituído por um Modelo de Negócios Sustentável.

Paulo Branco percebeu com fina perspicácia o que significa essa mudança de *mindset*. Consultor e professor na área de sustentabilidade corporativa, Branco ouviu muitas vezes gestores e executivos fazerem a seguinte pergunta: "com base em nosso plano de negócios, qual deve ser nossa estratégia de sustentabilidade?" Mas essa pergunta é insuficiente, pois contingencia a ação sustentável dentro do modelo econômico da empresa. "Ao mesmo tempo em que se mostra pouco ousada, perpetuando o *business as usual"*, diz Branco, "essa pergunta desvia a atenção, os esforços e os recursos das organizações, em relação aos desafios que realmente devem ser enfrentados". É por essa razão que ele sugere que os empresários façam outra pergunta a si mesmos: "Tendo em vista o imperativo global da sustentabilidade, qual deve ser nosso plano de negócios?" (Branco, 2012).

Como bem perceberam Burch e Di Bella (2021), a existência de comunidades resilientes e sustentáveis requer uma reconfiguração radical da arquitetura, dos mecanismos e dos objetivos das organizações do setor privado, bem como do questionamento de sua própria "razão de ser" na vida social. O modelo de negócios é justamente o que expressa essa razão de ser das empresas na vida social e, por isso, ele precisa ser transformado. Para esses autores, existem cinco pilares básicos para modelos de negócios sustentáveis: (1) contribuir e aprender com o contexto local; (2) institucionalizar a coprodução; (3) proporcionar a experimentação com parceiros da comunidade e a abertura ao fracasso; (4) estabelecer novas hierarquias; e (5) nutrir e agir de acordo com a imaginação e a diversão.

Já vimos com Porter e Kramer (2006) que o valor compartilhado pode gerar vantagem competitiva para quem o adota. Nesse sentido, a adoção do valor compartilhado por meio de um modelo de negócios sustentável pode ser um passo ainda superior ao da vantagem competitiva. É isso o que sugere Morioka *et al.* (2017). Para esses autores, para além da vantagem competitiva, os modelos de negócios sustentáveis podem gerar vantagens "coopetitivas". A coopetição pode ser entendida como uma ação simultânea de competição e de cooperação entre empresas na busca por interesses convergentes (Padula; Dagnino, 2007). Para Morioka *et al.* (2017), a vantagem coopetitiva dos modelos de negócios sustentáveis, ou seja, a colaboração e a competição entre concorrentes, implica o desenvolvimento de soluções e de aplicações para os Objetivos do Desenvolvimento Sustentável. A razão é que da vantagem coopetitiva dos modelos de negócios sustentáveis surge a inovação para sustentabilidade. Essa vantagem coopetitiva é também chamada de *branding together*.

Um bom exemplo de coopetição talvez seja o que as quatro grandes empresas japonesas de motocicletas – *i.e.*, Yamaha, Kawasaki, Suzuki e Honda – anunciaram em 2023. Elas formaram uma associação, a *Hydrogen Small mobility & Engine tecnology* – HySE, na sigla em inglês – com o objetivo de desenvolver motores movidos a hidrogênio para motocicletas e para outros veículos pequenos. Ou seja, empresas que competem arduamente no mercado iniciaram uma cooperação entre seus laboratórios de pesquisa e de desenvolvimento para gerar uma inovação compartilhada que promova todo um novo modelo de negócios sustentável. As empresas ganham, mas, principalmente, quem ganha é a sociedade.

3.2 Inovação para sustentabilidade

A inovação é o fundamento-chave para o desenvolvimento de qualquer país. É a ampla capacidade de inovação o que explica o lugar que a China, os Estados Unidos e a União Europeia, entre outros, ocupam no cenário internacional. Afinal, como a literatura demonstra, "as capacidades nacionais em CT&I se tornaram um vetor central da reconfiguração do poder mundial" (Fernandes *et al.*, 2022, p. 43). O Brasil, contudo, não obstante o promissor lugar ocupado na produção de conhecimento – vide a alta quantidade de artigos científicos em periódicos indexados –, possui uma taxa baixíssima de patentes registradas, que representam exatamente a materialização da inovação tecnológica (Fernandes *et al.*, 2022).

Mas o que é inovação? Na definição clássica de Schumpeter (1997, p. 139), a inovação é realizada quando um agente "retira uma certa quantidade de meios de produção de seus usos anteriores e realiza com eles uma nova combinação, por exemplo, a produção de um novo bem ou a produção, por um método melhor, de um bem já conhecido". De acordo com Schumpeter (1997, p. 76), há cinco casos típicos de inovação: (1) introdução de um novo bem; (2) introdução de um novo método de inovação; (3) abertura de um novo mercado; (4) conquista de uma nova fonte de oferta de matérias-primas ou de bens semimanufaturados; e (5) o estabelecimento de uma nova organização de qualquer indústria, como a criação de uma posição de monopólio ou a fragmentação de uma posição de monopólio.

Por diversas razões – cultura corporativa, política econômica, ausência de fomento de políticas públicas etc. – as empresas brasileiras apostam pouco em inovação. De acordo com o *The Global Innovation Index* 2014, o Brasil ocupa apenas o 61º lugar em inovação no ranking dos países (Adeodato, 2015). Quando analisamos com maior foco a inovação em sustentabilidade, a situação é ainda pior. O que é certamente uma incoerência se considerarmos toda a potencialidade que um país com tanta biodiversidade como o Brasil proporciona para quem quer investir em sustentabilidade.

Uma das razões para a baixa inovação nas empresas reside em certa incompreensão. Para muitos executivos, vale a expressão "se não está quebrado, não conserte" (Clinton; Whisnant, 2014, p. 6). No senso comum corporativo, inovar em sustentabilidade não passa de uma responsabilidade social relegada a um espaço menor no orçamento geral da empresa. Mas o senso comum é ilusório e equivocado. Afinal, a inovação em sustentabilidade pode gerar retorno financeiro para a empresa e reposicioná-la como liderança no mercado. As vantagens são imensas, pois "investimentos na área podem economizar recursos, eliminar resíduos e impulsionar a produtividade" (FGVces, 2012, p. 18). Ou seja, "a sustentabilidade não é uma ameaça para a lucratividade das empresas como muitos executivos acreditam ser" (FGVces, 2012, p. 18). É por essa razão que, para a inovação de produtos sustentáveis relacionados à biodiversidade, é necessário antes uma inovação de *mindset* (Aguiar *et al.*, 2023).

Prahalad, Nidumolu e Rangaswami (2009) perceberam isso em uma análise de trinta grandes corporações. Para os autores, empresas podem gerar lucros com a inovação em sustentabilidade se souberem passar por cinco estágios de mudança: (1) encarar o *compliance*, ou seja, o respeito das normas, como oportunidade; (2) tornar a cadeia de valor sustentável; (3) desenvolver produtos e serviços sustentáveis; (4) desenvolver novos modelos de negócios; e (5) criar plataformas de "próximas práticas".

Claro, sabemos que "é difícil convencer um CEO a mudar um modelo de negócios com base em ameaças ou em oportunidades que ainda não se materializaram" (Clinton; Whisnant, 2014, p. 6, tradução nossa). Para que acionistas e executivos entendam a importância dessa discussão, Del Pino *et al.* (2017) sugerem três ações: (1) que as empresas façam as contas considerando aberta e honestamente a dependência de recursos naturais e os limites ao crescimento dos negócios; (2) que assumam um papel de liderança usando sua influência para mudar a conversa com as principais partes interessadas; e (3) que transformem o negócio em um que prospere em um ambiente com recursos limitados.

No entanto, para que a proposta de Del Pino *et al.* (2017) se concretize é fundamental que, de fato, todas as partes interessadas, os *stakeholders*, participem desse processo. Não basta que sejam consideradas como partes interessadas os fornecedores, contratados, distribuidores ou clientes. É preciso ir além e buscar "os grupos interessados 'externos' à operação essencial da empresa, tais como as comunidades afetadas, autoridades do governo local, organizações não-governamentais e outras organizações da sociedade civil, instituições locais e outros parceiros interessados ou afetados" (IFC, 2007, p. 3). É isso o que a literatura chama de "participação dos interessados", ou seja, "um processo mais amplo, mais inclusivo e contínuo entre uma empresa e aqueles potencialmente impactados que engloba uma gama de atividades e abordagens e se estende por todo o ciclo do projeto" (IFC, 2007, p. 2).

Uma vantagem da adoção da "participação dos interessados" como princípio de formulação da política de sustentabilidade da empresa é alcançar aquilo que Eccles e Serafeim (2013) chamam de estratégia sustentável. Os autores explicam que reunir uma variedade de táticas sustentáveis dispersas no interior de uma empresa não significa dizer que essa mesma empresa possua uma estratégia sustentável. Uma estratégia sustentável é aquela que aumenta o valor para os acionistas e, ao mesmo tempo, melhora o desempenho da empresa nas dimensões ambiental, social e de governança. Somentemente com um mapa de materialidade produzido pela "participação dos interessados" é possível encontrar a estratégia sustentável que gere desempenho financeiro para os acionistas ao mesmo tempo em que traz retorno social e ambiental para os demais envolvidos (Eccles; Serafeim, 2013).

A organização desse mapa de materialidade não é trivial. É a partir dele que a empresa consegue identificar as questões-chave para a sustentabilidade em seu modelo de negócios e, assim, qualificar sua intervenção. É precisamente isso o que Mosher e Smith (2015) entendem por integrar ou por incorporar a sustentabilidade na estratégia principal e no modelo de negócios da empresa. Para os autores,

> "ao focar em um ou em alguns problemas selecionados, as empresas podem identificar como essas questões afetam os negócios, dedicar recursos para estabelecer objetivos e métricas e incorporar totalmente o problema no negócio" (Mosher; Smith, 2015, p. 7, tradução nossa).

Aliás, no campo da sustentabilidade corporativa, já se fala em dupla materialidade. A análise da dupla materialidade significa que a empresa está preocupada com o movimento de fora para dentro – riscos financeiros e de credibilidade para o negócio que derivam das questões socioambientais – e com o movimento de dentro para fora – impactos socioambientais positivos que podem ser gerados. Esse conceito de dupla materialidade foi concebido originalmente pela Comissão Europeia em 2019 e revisado pelo GRI em 2020 (Adams *et al.*, 2021). Os principais relatórios de sustentabilidade hoje já abordam essa estratégia da dupla materialidade.

O caso da empresa estadunidense de carpetes, Interface, é exemplar do que significa uma inovação para a sustentabilidade baseada na reconfiguração do modelo de negócios e no desenho de uma estratégia sustentável. A Interface é uma conhecida produtora de carpetes nos Estados Unidos fundada em 1973. Até a década de 1990, seu modelo de negócios era tradicional, mas a mudança de mentalidade de seu dono, Ray Anderson, fez a empresa se repensar. Após ler *A ecologia do comércio*, de Paul Hawken, em 1994, Anderson iniciou a transformação de sua firma (Gies, 2011). Uma das principais transformações foi na inovação do serviço da empresa. No lugar de continuar vendendo carpetes que em algum momento precisariam ir para o lixo, Anderson teve a ideia de substituir a venda pelo aluguel. Os clientes da empresa pagam pelo uso do carpete e, quando ele precisa ser trocado, a própria Interface o recolhe, o recicla e o substitui. A simples inovação para a sustentabilidade no serviço fez com que a empresa saísse da típica e suja economia linear para uma moderna economia circular em que a Interface se responsabiliza pelo destino do produto do berço ao túmulo. Mas a inovação também é na tecnologia de produção, que reduz resíduos e minimiza o gasto de energia. As mudanças não fazem com que a empresa tenha prejuízo. Só em 2015 a empresa teve faturamento de US$ 1,3 bilhão, o que mostra que o seu diferencial sustentável a torna competitiva no mercado[62]. "Eu sou uma parte do problema, então preciso ser uma parte da solução", disse Ray Anderson certa vez (Demajorovic; Maturana, 2009, p. 111). Anderson faleceu de câncer aos 77 anos em 2011, mas seu legado permaneceu.

Em síntese, a inovação para a sustentabilidade é uma oportunidade única de gerar retorno financeiro para as empresas (Prahalad *et al.*, 2009; FGVces, 2012). Ela atingirá esse objetivo se de fato a prática for incorporada ao modelo de negócios da empresa, ou seja, a sua estratégia sustentável (Eccles; Serafeim, 2013). Tal estratégia sustentável precisa ser aplicada por meio de um mapa de materialidade (Mosher; Smith, 2015) efetivamente construído com a "participação dos interessados" (IFC, 2007).

---

62. Disponível em: https://vitorianews.com.br/sustentabilidade/noticia/2016/06/interface-brasiltem-projeto-que-visa-a-recuperacao-do-carbono-presente-na-atmosfera-93685.html/

Ademais, se já não bastassem todos os argumentos levantados até aqui, resta um último motivo que justifica a importância da inovação para a sustentabilidade. O fato de os próprios Objetivos do Desenvolvimento Sustentável apontarem nessa direção. É o que diz o ODS 9 – indústria, inovação e infraestrutura. Esse ODS indica a necessidade de "construir infraestruturas resilientes, promover a industrialização inclusiva e sustentável e fomentar a inovação"[63].

A ciência já sabe que, com o atual modo de produção hegemônico, a vida em nosso planeta corre risco. Precisamos, portanto, de uma nova economia política. Como bem observa Paulo Branco, "a transição para uma nova economia exige passos transformadores e negócios alinhados a tal desafio terão mais chances de prosperar" (Adeodato, 2015, p. 44). Seguindo por essa mesma linha, podemos dizer que "no futuro, as empresas que observam a sustentabilidade como uma meta a atingir irão conquistar vantagens competitivas e de forma cada vez mais frequente" (FGVces 2012, p. 19). Isso significa dizer que apostar em inovação para a sustentabilidade gera um duplo benefício para as empresas: ao mesmo tempo em que garante a sobrevivência da natureza, faz com que a organização lucre e prospere. A pergunta que resta então é: por que não apostar nesse caminho?

3.3 Bioeconomia

Uma forma de se aplicar um modelo de negócios sustentável na direção do valor compartilhado é por meio da bioeconomia. O termo bioeconomia foi formulado originalmente pelo economista romeno Nicholas Georgescu-Roegen, na década de 1970, ao perceber a natureza como limite da economia. Mas foi em 2009, quando a Organização para a Cooperação e o Desenvolvimento

---

63. Disponível em: https://brasil.un.org/pt-br/sdgs/9

Econômico apresentou sua agenda de políticas públicas para a bioeconomia em 2030, que o conceito ganhou espaço maior na economia internacional. Para a OCDE, a bioeconomia refere-se ao conjunto de atividades econômicas relacionadas à invenção, ao desenvolvimento, à produção e ao uso de produtos e de processos biológicos (OECD, 2019). Já na definição de Horlings e Marsden (2011, p. 147), "bioeconomia pode ser descrito como o conjunto das atividades econômicas que captam o valor latente em processos biológicos e nos biorrecursos renováveis para produzir melhores condições de saúde, além de crescimento e desenvolvimento sustentáveis".

A bioeconomia também pode ser compreendia pela ideia de economia verde. O conceito de economia verde foi desenvolvido em 2008 pelo Programa das Nações Unidas para o Meio Ambiente, o Pnuma, para se contrapor ao de economia marrom. A economia marrom é o modo de produção tradicional, com alto impacto socioambiental negativo. Já a economia verde "é aquela em que o aumento da atividade produtiva resulta em melhora do bem-estar humano e da equidade social, reduzindo significativamente os riscos ambientais e ecológicos" (Young, 2016, p. 89). Alguns exemplos podem nos ajudar a compreender melhor do que se tratam esses conceitos.

Uma cena comum no Rio de Janeiro é a de jovens que saem de suas academias no calor da cidade e param em lanchonetes para comer uma tigela de açaí bem gelado, adoçado com xarope de guaraná natural. O que talvez esses jovens não saibam é que o açaí é hoje um dos principais produtos que geram riqueza na Amazônia, com receitas em torno de 1,5 bilhão de dólares por ano, em particular no estado do Pará (PBMC/BPBES, 2018). Estudos indicam que um hectare da fruta possui um rendimento muito maior que o da mesma área para cultivo de soja ou para a pecuária. Isso significa que a floresta de pé rende muito mais para a economia regional do que a floresta desmatada.

Recomendada por nutricionistas, a castanha-do-brasil é outro produto da Amazônia com enorme potencial de exportação e de gerar riquezas para a região. Mas sua exploração ainda está aquém das possibilidades. De acordo com Willerding *et al.* (2020, p. 160), como forma de potencializar essa economia, os produtores "poderiam processar os resíduos para a produção de óleo da castanha, inclusive refinando-o, e também a possibilidade de uma farinha rica nutritiva que poderia servir para a merenda escolar". A capacitação dos produtores aumentaria a renda local, a dinâmica produtiva e a proteção da floresta.

Talvez quem more nas regiões Sul e Sudeste nunca tenha ouvido falar, mas em estados como Tocantins, Piauí e Maranhão são muito conhecidas as Quebradeiras de coco babaçu. O babaçu é uma palmeira robusta, com até vinte metros de altura, que produz frutos e sementes que podem ser transformados em óleos, remédios e alimentos. Sua importância para a economia regional é tão grande que a sua proteção e a sua exploração figuram até mesmo na Constituição do Estado do Maranhão.

> Art. 196. Os babaçuais serão utilizados na forma da lei, dentro de condições que assegurem a sua preservação natural e do meio ambiente, e como fonte de renda do trabalhador rural. Parágrafo único. Nas terras públicas e devolutas do Estado assegurar-se-á a exploração dos babaçuais em regime de economia familiar e comunitária.

Se bem aproveitado, com ciência e sustentabilidade, o babaçu pode gerar riquezas e empregos sem afetar o meio ambiente e as comunidades locais. É isso o que faz a Tobasa, empresa localizada no norte do Tocantins, que atua com uma rede de cerca de 1,5 mil famílias extrativistas, que recolhem o coco que cai dos babaçuais em um raio de 300km do Bico do Papagaio, alcançando também o Maranhão e o Piauí. A Tobasa desenvolveu uma tecnologia para aproveitamento integral do fruto sem que seja preciso derrubar uma única árvore. Assim, do babaçu derivam óleos, farinhas, álcool para a indústria cosmética, biomassa e carvão ativado para filtros de água. Tudo isso fez com que a empresa faturasse em 2021 cerca de R$ 34 milhões e pudesse captar, em 2022, mais R$ 32 milhões por meio de um Certificado de Recebíveis do Agronegócio, CRA, voltado para o extrativismo sustentável (Pioto, 2022).

Mas a bioeconomia não está apenas nas árvores. Ela também pode estar no fundo dos rios e dos lagos. É o caso do chamado bacalhau da Amazônia. Em 2011, foram instaladas na Amazônia duas fábricas pioneiras na produção do bacalhau da Amazônia a partir do manejo de pirarucu em lagos de reservas de desenvolvimento sustentável. A capacidade instalada dessas duas fábricas era de 5 mil toneladas/ano ou de 100 mil pirarucus, com faturamento potencial superior a 100 milhões de reais e a possibilidade de ocupação para cerca de 5 mil pessoas (Bezerra, 2019, p. 184). Os números mostram que as possibilidades de gerar riqueza são enormes para as populações locais ao mesmo tempo em que se preserva a natureza.

Além disso, não só de alimentos vive a bioeconomia. A rica biodiversidade brasileira pode oferecer oportunidades para o desenvolvimento de fármacos e cosméticos, com alto valor agregado. A partir das plantas de nossos biomas, remédios e produtos de beleza podem ser produzidos de forma inovadora, e um grande complexo industrial de saúde pode ser formado com a capacidade de gerar renda e empregos. Por óbvio, isso requer dois grandes movimentos: por um lado, que nossas florestas sejam preservadas e que não haja mais extinção de espécies; por outro, que as empresas invistam em pesquisa, tecnologia e inovação para o deslanchar dessa bioeconomia. Mercado para tanto não falta. De acordo com um estudo da Confederação Nacional da Indústria publicado em 2020, só em 2017 o mercado de produtos de beleza movimentou cerca de US$ 14,68 bilhões, sendo o Brasil um dos maiores consumidores do mundo (Pereira, 2020).

Até mesmo na construção civil, a bioeconomia pode estar presente, a partir do uso sustentável do bambu, por exemplo. Como a ciência já demonstrou, a construção civil possui alto impacto negativo no meio ambiente (Masuero, 2021). Uma forma de minimizar esse impacto pode ser o uso sustentável do bambu. As vantagens do bambu são enormes: além de suas propriedades mecânicas e da grande capacidade de suas florestas absorverem carbono, o bambu possui elevada produtividade, rápido crescimento e curto período de tempo para o corte (PBMC/BPBES, 2018).

As produções do açaí, do bacalhau, do babaçu, da castanha, do bambu e de fármacos são exemplos daquilo que a literatura define como bioeconomia ou economia verde. O que se percebe é que essas são formas de se praticar o valor compartilhado, ao gerar benefícios econômicos ao mesmo tempo em que preserva natureza e as comunidades locais.

3.4 Obsolescência programada x ecoeficiência

Todos sabemos que as maiores empresas automobilísticas do mundo possuem importantes laboratórios de pesquisa e de inovação responsáveis por grandes avanços tecnológicos que mudam nossas vidas. O que não imaginávamos – ou ao menos não tínhamos provas a respeito – é que esses laboratórios estivessem sendo utilizados para a geração de tecnologias inovadoras com o objetivo de fraudar fiscalizações e de enganar consumidores. Isso foi o que ocorreu com a Volkswagen no caso internacionalmente conhecido como o Dieselgate.

Em 2015, análises feitas pela Universidade de West Virginia revelaram que alguns carros da Volkswagen possuíam dispositivos capazes de forçar testes de emissão de poluentes. O mecanismo criado pela Volkswagen fazia com que a emissão de poluentes parecesse menor do que o valor permitido por lei, embora não fosse. A tecnologia percebia quando o veículo estava em situação de teste e assim alterava o funcionamento do motor para reduzir a poluição. Contudo, em situações de uso normal, o motor produzia valores acima do permitido pela legislação estadunidense. Esse *software* estava disponível em aproximadamente 11 milhões de carros movidos a diesel que foram produzidos entre 2009 e 2015. A descoberta foi encaminhada para a Agência de Proteção Ambiental dos Estados Unidos que notificou oficialmente a empresa. E não houve desmentido. "Estragamos tudo", reconheceu publicamente o diretor da Volkswagen nos Estados Unidos ao receber a notificação. Com a denúncia, o CEO da Volkswagen, Martin Winterkorn, renunciou ao cargo. A partir de então se sucedeu uma série de condenações de altos dirigentes da empresa. No Brasil, o carro envolvido foi a picape Amarok, o que rendeu uma multa do Ibama.

Uma outra forma de a tecnologia ser utilizada como forma de enganar os consumidores ocorre por meio da chamada obsolescência programada. Quem nunca ouviu seus pais ou avós dizerem que antigamente a máquina de lavar ou a geladeira durava muito mais tempo? Que os produtos do passado funcionavam por décadas enquanto agora são feitos com materiais de plástico que rapidamente quebram? O nome dessa intuição da sabedoria popular é obsolescência programada. Na clássica definição de Bulow (1986), obsolescência programada é a produção de bens com vida curta para que os clientes tenham de fazer compras repetidas. Ou seja, não se trata apenas de um descuido das empresas atuais que adotam materiais mais frágeis do que os do passado em nome da redução dos custos. Mais do que isso, trata-se de uma decisão planejada para que o produto obrigatoriamente perca sua função rapidamente de modo que o consumidor tenha de realizar uma nova compra no curto prazo. É, portanto, uma ação insustentável, pois, além de ser pouco transparente com os consumidores, gera um aumento da produção de resíduos no meio ambiente.

Um caso famoso de obsolescência programada é o da fabricante de celulares Apple. Em 2012, num período de menos de seis meses, a empresa lançou o iPad3 e o iPad4, o que gerou enormes críticas e, até mesmo, ação coletiva denunciando a prática lesiva aos consumidores. Autor da ação, o Instituto Brasileiro de Política e Direito da Informática, IBDI, alegou que a empresa rompeu com o tempo usual de um ano entre uma versão e outra e que o iPad3 já poderia ter as tecnologias que estariam disponíveis na versão seguinte. As pessoas que compraram o iPad3 logo no lançamento se sentiram lesadas por terem em mãos um produto que ficou desatualizado em menos de um ano[64]. Esse caso não é isolado ou um ponto fora da curva. Em 2021, a mesma Apple foi acusada na Europa de reduzir propositalmente o desempenho das baterias do iPhone conforme atualizações no sistema operacional eram realizadas[65].

Claro, não foi a Apple que inventou a obsolescência programada. Essa prática foi muito comum ao longo de todo o desenvolvimento do capitalismo no século XX. Já na década de 1930, economistas e empresários a defendiam publicamente como instrumento de manutenção do crescimento econômico.

---

64. Disponível em: https://www.terra.com.br/byte/eletronicos/apple-acao-quer-reembolso-etablet-novo-para-donos-do-ipad-3-no-brasil,e6cbe351f720d310Vgn VCM3000009acceb0aRCRD.html

65. Disponível em: https://macmagazine.com.br/post/2021/07/15/grupos-europeus-acusamapple-de-obsolescencia-programada-de-novo/

Bernard London chegou mesmo a apresentar essa prática como uma solução para a crise econômica de 1929. Alguns anos antes, em 1924, surgiu a primeira experiência da obsolescência programada com o cartel Phoebus. Esse cartel atuou em escala mundial para reduzir a durabilidade das lâmpadas e, assim, aumentar a frequência da compra (Martarello, 2020). Se já naquele contexto em que pouco se sabia, ou ao menos pouco se falava, sobre as consequências da ação do homem sobre a natureza, a prática era discutível, no atual momento de crise ambiental do século XXI, considerar a obsolescência programada como uma estratégia de mercado é imoral, antiético, insustentável, uma desvantagem competitiva e, até mesmo em algumas localidades, um crime.

No caso do Dieselgate e da obsolescência programada da Apple, a inovação tecnológica foi adotada no caminho inverso da sustentabilidade: além de não respeitar a transparência e a honestidade, os dispositivos atentavam contra o meio ambiente. No entanto, é bom que se diga que nem todas as empresas atuam assim. É possível que empresas apostem em inovação tecnológica que atue em benefício do meio ambiente ao mesmo tempo em que gera riqueza. Isso é o que chamamos de ecoeficiência, ou seja, uma forma bem clara de se criar valor compartilhado. Almeida (2003, p. 137) nos apresenta sete elementos que nos auxiliam a compreender o que é essa ecoeficiência:

1) redução do gasto de materiais com bens e serviços;

2) redução do gasto de energia com bens e serviços;

3) redução da emissão de substâncias tóxicas;

4) intensificação da reciclagem de materiais;

5) maximização do uso sustentável de recursos renováveis;

6) prolongamento da durabilidade dos produtos;

7) agregação de valor aos bens e serviços.

O já mencionado caso da automobilística Toyota é um exemplo dessa ecoeficiência. Apesar disso, não é preciso ser uma grande empresa para apostar na ecoeficiência. A gráfica mineira de médio porte Ekofootprint Impressões Sustentáveis conseguiu desenvolver um modelo de negócio de impressão com uso de tinta em cera e tinta líquida, sem cartuchos. Assim, a empresa tem um sétimo da pegada ecológica na produção das tintas, se comparada às tintas de impressão convencionais, além de conseguir reduzir 92% da geração de resíduos como cartuchos e peças. Isso fez a empresa conquistar o Prêmio do Sebrae em Minas Gerais de Práticas Sustentáveis[66]. Há, portanto, evidência de que a ecoeficiência é uma possibilidade acessível para todos os mercados e escalas.

3.5 Sobrevivência sustentável contra o racismo ambiental

Desde 2018, a cidade de Maceió, capital de Alagoas, vem enfrentando uma situação jamais vista. Imóveis de pelo menos quatro bairros da cidade – Pinheiro, Bebedouro, Mutange e Bom Parto – passaram a apresentar rachaduras, em algumas ruas surgiram fendas e outros terrenos afundaram. Tudo começou com um tremor de terra sentido pelos moradores em março de 2018. Após muitos estudos do Serviço Geológico do Brasil, a causa daquele estranho fenômeno foi descoberta: o desmoronamento de uma mina de extração mineral de sal-gema, pela empresa petroquímica Braskem, causou o tremor e, posteriormente, o afundamento de parte da cidade. Esse alto impacto socioambiental atingiu cerca de 50 mil moradores, e muitos deles tiveram de abandonar suas casas. O poeta Mário Lago dizia que "o povo escreve a história

---

66. Disponível em: https://www.terra.com.br/byte/ciencia/grafica-mineira-i-nova-tecnologia-deimpressao-ao-usar-cera-em-vez-de-tinta,0baa00beca2da-310VgnCLD200000bbcceb0aRCRD.html

nas paredes". E em Maceió não foi diferente. "Aqui morava uma família", diz a pichação no portão de uma casa. "Não apenas casas, mas as vidas das pessoas foram destruídas", está pintado em um muro. "Sonhos destruídos. Esta casa foi invadida, depredada e está rachada. Quem pagará por isso?", pergunta a frase escrita em outra mureta[67]. Como resultado, a Braskem teve de firmar um acordo com a Justiça e demais autoridades no valor de aproximadamente R$ 2,5 bilhões para a indenização dos moradores.

A margem da Baía de Sepetiba, no bairro de Santa Cruz, no Rio de Janeiro, foi o local escolhido pela companhia alemã ThyssenKrupp Steel para sediar seu empreendimento industrial conhecido como a Companhia Siderúrgica do Atlântico, a CSA, em 2010. Tratava-se de mais um passo rumo ao desenvolvimento econômico do país com uma grande empresa com capacidade de produção anual de até 10 milhões de toneladas de placas de aço semielaboradas para a exportação (Tavares, 2019). Os velhos desenvolvimentistas regozijavam-se com os números, ao mesmo tempo em que ignoravam as externalidades do projeto. O fato é que, logo após iniciar sua produção, dois eventos de alto impacto ambiental negativo ocorreram nas redondezas da fábrica em agosto e dezembro de 2010. A "chuva de prata", nome dado pela comunidade vizinha da CSA, caiu sobre a população trazendo consigo uma fuligem tóxica. Não obstante a multa dada pelo Inea para a empresa em 2010, a "chuva de prata" voltou a cair sobre os moradores de Santa Cruz em 2012, o que gerou nova multa. O pagamento das multas, no entanto, não solucionou o impacto no ambiente e na saúde daqueles moradores. Um relatório produzido pela Agência Fiocruz, em 2014, demonstrou

---

67. Disponível em: http://www.jornaldocampus.usp.br/index.php/2022/01/rastros-da-destruicaoo-crime-da-braskem-em-maceio/

existir correlação entre a exposição ao material particulado expelido pela siderúrgica e impactos agudos na saúde dos moradores, em especial com problemas respiratórios, dermatológicos e oftalmológicos observados pouco tempo após o contato com a fuligem (Lemle, 2014).

Como já tive a oportunidade de argumentar em outro momento, é inimaginável pensar que na Zonal Sul do Rio de Janeiro, região nobre da cidade, a CSA pudesse levar adiante esse empreendimento. Mas em Santa Cruz, região popular e longe dos olhos da opinião pública, a empresa não viu problemas em agir como agiu. Na literatura especializada, o nome dessa prática é racismo ambiental (Rodrigues, 2023).

Os casos da Braskem e da CSA / ThyssenKrupp revelam claramente que os modelos de negócios adotados por essas empresas, até aquele momento, não foram fundamentados no valor compartilhado. Seus lucros anuais bilionários foram baseados em alto impacto socioambiental que destruiu a qualidade de vida de milhares de pessoas. Nem sempre as coisas precisam ser assim. Há companhias efetivamente comprometidas com a proteção socioambiental da comunidade local onde atuam e que promovem a inclusão social. Isso é o que chamamos de sobrevivência sustentável. Como propõe Almeida (2007, p. 179), a sobrevivência sustentável "significa que a empresa encara as populações como parceiras, clientes e colaboradoras, induzindo melhorias de qualidade de vida com gestão ambiental responsável, obtendo e compartilhando lucros".

Um bom exemplo de modelo de negócios baseado na sobrevivência sustentável talvez seja o Programa Ouro Verde, da Michelin. Em 1984, a indústria de pneus adquiriu uma área de 9.000 hectares no sul da Bahia. O objetivo era produzir ali a borracha para suas unidades no Rio de Janeiro. Em 2003, a Michelin deu início ao Programa Ouro Verde: a área foi dividida em 1.000 hectares para a pesquisa de seringueiras; 3.000 hectares para a criação de uma reserva ecológica de Mata Atlântica; e 5.000 hectares segmentados em 12 propriedades[68]. Por meio de parceria público-privada, o Programa Ouro Verde oferece posto de saúde, escola, capacitação e qualificação profissional para toda a comunidade local. Como observa Almeida (2006), "o projeto da Michelin envolve, como temos apregoado, as três dimensões do desenvolvimento sustentável, com a garantia de crédito, a compra do produto, o fomento ao mercado local, a pesquisa e tantos outros benefícios".

O que se percebe é que, ao investir na inclusão social das comunidades locais, as iniciativas que tenham como alicerce a sobrevivência sustentável podem contribuir bastante para a realização do ODS 1 – acabar com a pobreza em todas as suas formas, em todos os lugares[69] – e do ODS 11 – tornar as cidades e os assentamentos humanos inclusivos, seguros, resilientes e sustentáveis[70].

3.6 Mercado financeiro: títulos e empréstimos sustentáveis

*Se a natureza fosse um banco,
já teria sido salva*
(Galeano, 2012)

Imagine a seguinte situação. Uma determinada instituição financeira, com lucros anuais bilionários, por demonstrar preocupação com a questão ambiental, resolve criar um "crédito sustentável". Assim, uma fatia da capacidade de crédito do banco passa a seguir necessariamente critérios de sustentabilidade. Por exemplo,

---

68. Disponível em: https://www.michelin.com.br/corporativo/sustentabilidade/michelin-ouroverde-bahia
69. Disponível em: https://brasil.un.org/pt-br/sdgs/1
70. Disponível em: https://brasil.un.org/pt-br/sdgs/11

2% dos recursos totais de crédito do banco devem ser emprestados apenas para empresas que comprovarem compromisso com o enfrentamento das mudanças climáticas como é o caso de usinas eólicas e solares. Trata-se de uma ação capaz de gerar enorme promoção positiva e impulsionar a imagem da empresa junto aos consumidores, certo? Mas e se descobrirmos que esse mesmo banco destina 4% do seu crédito – ou seja, o dobro – para empresas de combustíveis fósseis, as maiores vilãs do aquecimento global? *Greenwashing*, acusaríamos imediatamente. Foi algo semelhante a isso o que ocorreu com o Deutsche Bank em maio de 2022. O banco alemão alegava que cerca de US$ 900 bilhões sob sua gestão eram investidos de acordo com critérios ESG. Entretanto, após a denúncia de uma antiga executiva do banco, a polícia e o órgão fiscalizador alemão descobriram que apenas uma parte pequena dos investimentos de fato seguia os critérios de sustentabilidade[71].

O caso acima ilustra como as instituições financeiras têm demonstrado interesse pelo tema da sustentabilidade, mas também como essas práticas ainda precisam ser mais bem reguladas, fiscalizadas e operacionalizadas. No caso dessas instituições financeiras, esse processo teve início em 2003 com a publicação dos Princípios do Equador pelo *International Finance Corporation*, IFC, braço financeiro do Banco Mundial em parceria com alguns bancos privados, como o holandês ABN Amro Bank. Em síntese, os Princípios do Equador são um conjunto de critérios socioambientais para serem adotados por instituições financeiras de forma voluntária. Esses Princípios não demoraram para chegar no Brasil. Como alguns anos antes, em 1998, o ABN Amro havia comprado o brasileiro Banco Real, foi fácil para essa instituição ser a primeira com atuação no Brasil a aderir aos princípios já em 2003.

---

71. Disponível em: https://www.capitalreset.com/policia-alema-faz-busca-anti-greenwashing-nodeutsche-bank/

Tudo isso levou a um longo processo que culminou, em 2014, com uma norma autorreguladora proposta pela Federação Brasileira de Bancos, a Febraban, prevendo diretrizes socioambientais para as instituições financeiras (Vendramini; Belinky, 2017). Nesse mesmo ano de 2014, surgiu a Resolução n. 4.327 do Banco Central do Brasil. Essa resolução dispõe sobre as diretrizes que devem ser observadas no estabelecimento e na implementação da Política de Responsabilidade Socioambiental pelas instituições financeiras e pelas demais instituições autorizadas a funcionar pelo Banco Central. Mais tarde, o BC a atualizou por meio da Resolução n. 4.557 de 2017, até que, em 2021, um novo passo foi dado com a publicação do Relatório de Riscos e Oportunidades Sociais, Ambientais e Climáticas do Banco Central e com regras para que as instituições do sistema financeiro nacional elaborem suas Políticas de Responsabilidade Social, Ambiental e Climática e fortaleçam suas estruturas de gerenciamento de riscos (Brasil, 2014, 2017, 2021a e 2021b). Hoje, dificilmente um banco funciona sem esse tipo de prática.

Foi dentro desse cenário que surgiram os chamados *Green Bonds, Social Bonds, Sustainability Bonds* e *Sustainability-Linked Bonds,* ou, simplesmente, Títulos Verdes, Títulos Sociais, Títulos de Sustentabilidade e Títulos Vinculados à Sustentabilidade. Como é de se imaginar, Títulos Verdes são aqueles que financiam projetos com benefícios ambientais, como energia renovável, eficiência energética, tratamento de resíduos, transporte de baixo carbono, entres outros. Os Títulos Sociais financiam projetos que buscam resultados sociais positivos. Os Títulos de Sustentabilidade são os que financiam uma combinação de projetos com benefícios ambientais e sociais (Santoro; Chiavone, 2020). Já os Títulos Vinculados à Sustentabilidade, os mais recentes da série, são aqueles que estão vinculados ao cumprimento de determinadas metas da empresa que os vende como, por exemplo, a redução dos GEE, a inclusão de mulheres nos cargos de direção e outras possiblidades. Por um lado, a prática é positiva do ponto de vista dos bancos, que passam a destinar seus recursos para projetos de sustentabilidade. Por outro lado, também traz vantagens para as empresas que encontram recursos para projetos sustentáveis.

Além desses títulos, existem os empréstimos – *green loan, social loan, sustainability loan* e *sustainability-linked loan* – que seguem a mesma lógica. Em 2022, a Petrobras contratou uma linha de crédito vinculada a compromissos de sustentabilidade no valor de US$ 1,25 bilhão e com vencimento em julho de 2027 com os bancos Bank of China, MUFG e The Bank of Nova Scotia. Para realizar plenamente esses créditos, a Petrobras se comprometeu a reduzir gases de efeito estufa no segmento de exploração e produção e no refino, entre outras ações[72]. Ainda no setor de petróleo, a petroquímica Braskem assumiu um *Sustainability Linked Loan* com o banco japonês Sumitomo Mitsui Banking Corporation no valor de US$ 100 milhões. Para isso, a Braskem precisa aumentar as vendas de seu plástico fabricado a partir de cana-de-açúcar, o polietileno renovável[73]. Também em 2022, a Volkswagen do Brasil captou empréstimo junto ao Bradesco na lógica do *Sustainability-Linked Loan* na ordem de R$ 500 milhões. O compromisso da automobilística foi o de ter mais mulheres na liderança e reduzir emissões de CO^2 de origem fóssil em suas fábricas em três anos[74]. Outro caso de empréstimo foi o financiamento de um *Super Green Loan* adquirido pela

---

72. Disponível em: https://forbes.com.br/forbes-money/2022/07/petrobras-contratafinanciamento-de-us-125-bilhao-vinculado-a-sustentabilidade/
73. Disponível em: https://epbr.com.br/braskem-contrata-us-100-milhoes-em-linha-de-creditoatrelada-a-meta-de-sustentabilidade/
74. Disponível em: https://www.vwnews.com.br/news/1369

Neoenergia no valor de R$ 800 milhões junto ao Banco Mundial em 2023. O acordo prevê, entre outras metas, o aumento do percentual de eletricistas mulheres na companhia[75].

Como todo processo que ainda está em fase de maturação, há ajustes necessários que o mercado financeiro precisa implementar. Ao analisar a emissão desses títulos no Brasil, Maciel (2022) observou a necessidade de ampliar os indicadores-chave de desempenho utilizados nessas operações. Conforme mostra sua pesquisa, a emissão de gases do efeito estufa é o indicador mais comumente adotado, mas outros temas ambientais, como biodiversidade e recursos hídricos, também precisam ser incorporados. Além disso, os temas sociais de diversidade e de redução das desigualdades também deveriam ser considerados com maior ênfase.

O surgimento desses títulos e empréstimos foi certamente uma boa notícia para aqueles que defendem a sustentabilidade. No entanto, só poderemos falar que um banco está de fato comprometido com essa causa quando todo o seu portfólio for sustentável. Enquanto o mesmo banco captar Títulos Verdes ou de Sustentabilidade de um lado e, de outro, financiar empresas de combustíveis fósseis, sua prática poderá ser caracterizada apenas como *greenwashing*. Vejamos o caso do BTG Pactual. O banco se apresenta como um dos primeiros a ter fundos de investimento baseados em critérios ESG. Todavia, em 2020, o mesmo BTG Pactual financiou com cerca de R$ 582 milhões a Engie Brasil Energia para a construção de uma usina termoelétrica de carvão no Rio Grande do Sul[76]. Usinas de carvão representam em termos

---

75. Disponível em: https://www.neoenergia.com/pt-br/sala-de-imprensa/noticias/Paginas/assinaIFC-super-green-loan-financiamento-verde-parametros-ESG.aspx

76. Disponível em: https://www.revistahsm.com.br/post/esg-washing-empresas-na-corda-bamba

energéticos o que há de mais prejudicial para o meio ambiente. Da mesma forma, não é por ter adquirido títulos ou empréstimos sustentáveis que uma empresa estará apta a ser declarada como promotora de boas práticas. Como vimos nas seções anteriores, a Volkswagen e a Braskem, que agora contraíram empréstimos vinculados à sustentabilidade junto ao mercado financeiro, também foram as responsáveis por situações como o *dieselgate* e o afundamento de Maceió.

Foi para contribuir com uma melhor avaliação dos riscos financeiros relacionados ao clima que o Conselho de Estabilidade Financeira – FSB na sigla em inglês –, órgão de operações financeiras do Grupo dos 20, criou em 2015 a Força-Tarefa para Divulgações Financeiras Relacionadas às Mudanças Climáticas – TCFD na sigla em inglês. O TCFD formula orientações e recomendações que podem ser adotadas por empresas na construção de seus relatórios de sustentabilidade com maior transparência. Por um lado, os relatórios do TCFD auxiliam as próprias empresas a ajustarem seus rumos na direção do combate às mudanças climáticas. Por outro lado, esses relatórios servem de embasamento para a tomada de decisão de investidores interessados no aporte de recursos em investimentos sustentáveis.

O mercado financeiro pode empreender uma importante mudança em direção à sustentabilidade, mas isso exige uma profunda transformação em todo o seu modelo de negócios. Ações como os Títulos de Sustentabilidade não podem ser apenas iniciativas menores que servem ao *marketing* da empresa. Ao contrário, devem representar a totalidade de seus negócios. Quando isso ocorrer, aí sim as instituições financeiras aplicarão na prática a ideia de valor compartilhado.

3.7 Quíntupla hélice

O Vale do Silício, na Califórnia, é bem conhecido como um dos principais centros de produção de alta tecnologia no mundo. Ali estão sediadas empresas como Google, Facebook, Apple, Netflix e HP, entre tantas outras *startups*. O que poucos sabem, no entanto, é que todo esse ecossistema tecnológico e inovador não é produzido no Vale por coincidência. Há um mito de que todas essas empresas teriam nascido em garagens ou fundos de quintal. Mas essa narrativa não passa de uma lenda. Na verdade, a engrenagem fomentadora desse processo de desenvolvimento é, indubitavelmente, a Universidade de Stanford, que, desde meados do século XX, incentivou alunos e professores a criarem suas próprias empresas de tecnologia. Assim, o Vale do Silício foi crescendo no entorno do *campus* de Stanford. Além disso, não foi só uma relação entre universidades e empresas que fez o Vale ser o que é hoje. Um pesado financiamento em larga escala do governo federal em pesquisas produzidas ali também foi fundamental para sua potencialização. É importante que se diga, financiamento militar, inclusive.

Esse tipo de interação indústria-universidade-governo é o que a literatura especializada convencionou chamar, desde a década de 1990, de tripla hélice (Etzkowitz; Leydesdorff, 1995; Etzkowitz; Zhou, 2017). Em síntese, a universidade entra com a produção do conhecimento, o governo com o financiamento, e as empresas com a expertise prática para transformar tudo aquilo em produto. Quando bem-sucedida, essa articulação tem como resultado inovações tecnológicas transformadoras. Logo, como também tem demonstrado a pesquisa sobre o tema, o modelo de tripla hélice pode ser capaz de dar um salto qualitativo para a criação de valor compartilhado. Isso acontece na medida em que a articulação entre a tripla hélice e o valor compartilhado permite a criação de aglomerados inovativos e produtivos locais, os *clusters*, como o Vale do Silício (Neto; Pereira; Costa, 2014). Em Barcelona, um bom exemplo de *cluster* de inovação tecnológica começou a ser desenvolvido em 2000 no distrito 22 por meio da iniciativa Barcelona Activa. Com a criação de um ecossistema de economia inteligente no local, o distrito passou a ser conhecido como 22@, um grande ponto de encontro entre negócios, centros de pesquisa e investimentos governamentais.

Por mais atual que pareça a ideia de tripla hélice, ela ainda é insuficiente para um valor compartilhado que se oriente pela noção de sustentabilidade. Essa é a razão pela qual a literatura tem atualizado tal avaliação. Carayannis e Campbell (2009) entenderam que a sociedade civil deveria estar associada ao modelo e, assim, a incluíram como uma quarta hélice. Com o conceito de quádrupla hélice, há, portanto, um alargamento das partes interessadas, dos *stakeholders*, na linguagem gerencial. Mais recentemente, a questão ambiental foi incorporada como quinta dimensão dessa interação. Mais do que os anteriores, o modelo de quíntupla hélice compreende a necessidade de a inovação ser dirigida para a sustentabilidade (Carayannis; Campbell, 2011; Carayannis; Barth; Campbell, 2012; Carayannis; Rakhmatullin, 2014; Casaramona; Sapia; Soraci, 2015).

A empresa regenerativa busca atuar dentro do cenário da quíntupla hélice, havendo interação entre governo, universidade, sociedade civil e meio ambiente na sua criação de valor compartilhado.

4
Impacto ambiental positivo

> *Manter em pé o que resta não basta*
> *Já quase todo o ouro verde se foi*
> *Agora é hora de ser refloresta.*
> (Gilberto Gil)
>
> *O trabalho é o pai da riqueza*
> *material [...] e a terra é a mãe.*
> (Marx, 2013, p. 121)

Seria repetitivo desenvolvermos aqui mais uma vez todos os problemas derivados da ação do atual modo de produção sobre a natureza. O aquecimento global, as mudanças climáticas, a degradação dos ecossistemas e a perda da biodiversidade são alguns exemplos já mencionados. O que ainda precisamos discutir é como superar esse cenário catastrófico. Em geral, a literatura entende que duas ações precisam ser postas em prática: a adaptação e a mitigação.

Em *A política da mudança climática,* Anthony Giddens sugere uma pequena atualização nessa abordagem ao propor o conceito de "adaptação proativa". A ideia é agir com antecedência, de maneira preventiva. "Considerando-se que a mudança climática acontecerá, independentemente do que façamos de agora em diante, será preciso elaborarmos uma política de adaptação, paralelamente à da mitigação das alterações climáticas" (Giddens, 2010, p. 99). O problema dessa abordagem de Giddens é que ela parece jogar a toalha em relação ao enfrentamento das mudanças climáticas. É indubitável a necessidade da mitigação e da adaptação proativa. Contudo, uma terceira ação prática precisa ser incluída nessa equação: a geração de impacto ambiental positivo. Não basta reduzirmos nosso impacto ambiental negativo – mitigação – e nos prepararmos para suas consequências – adaptação. É preciso ir além. Nesse caso, ir além significa gerar impacto ambiental positivo, isto é, regenerar nosso planeta para que o amanhã seja melhor do que foi o hoje.

As formas que empresas podem implementar ações de impacto ambiental positivo são as mais diversas possíveis. A seguir estão sistematizadas seis boas práticas de impacto ambiental positivo que o mundo corporativo já tem desenvolvido: (1) a economia circular, a logística reversa e a gestão de resíduos; (2) a Reserva Particular do Patrimônio Natural; (3) o pagamento por serviço ambiental; (4) as soluções baseadas na natureza; (5) o mercado voluntário de carbono; e (6) as energias renováveis. Todas essas medidas contribuem para o objetivo treze dos ODS – ação contra a mudança global do clima.

4.1 Economia circular, logística reversa e gestão de resíduos

De acordo com o Panorama dos Resíduos Sólidos no Brasil, produzido pela Associação Brasileira de Empresas de Limpeza Pública e Resíduos Especiais (Abrelpe) entre 2010 e 2019, a geração de resíduo sólido urbano no Brasil passou de 67 milhões para 79 milhões de toneladas por ano, enquanto a geração per capita aumentou de 348kg/ano para 379kg/ano[77]. Numa conta

---

77. Disponível em: https://abrelpe.org.br/panorama-2020/

rápida, podemos dizer que cada brasileiro produz em média mais de 1kg de resíduos sólidos por dia. Isso acontece porque a lógica do modo de produção contemporâneo é baseada na ideia de extrair-produzir-desperdiçar, ou, como a literatura prefere, na economia linear. Em síntese, esse processo funciona mais ou menos assim: a matéria prima é extraída da natureza, chega na indústria onde é processada até alcançar o consumidor final que, na "melhor" das hipóteses, descartará aquele produto numa lixeira. É o que chamamos de um processo "do berço ao túmulo". Empresas insustentáveis são aquelas que elaboram seus modelos de negócio alicerçados nessa noção linear de produção.

Há, no entanto, uma outra forma de se produzir sem gerar desperdício e acúmulo de resíduos sólidos que prejudicarão a natureza. Trata-se da economia circular, um processo que vai do "berço ao berço". Em sua melhor definição, a economia circular é um sistema regenerativo no qual o desperdício de recursos, a emissão e o vazamento de energia são minimizados pela desaceleração, fechamento e redução do uso de material e energia (Geissdoerfer *et al.*, 2017). Na economia circular "os sistemas naturais são regenerados, a energia vem de fontes renováveis, os materiais são seguros e provenientes cada vez mais de fontes renováveis e o resíduo é evitado por meio do design superior de materiais, produtos e modelos de negócios" (Ellen Macarthur Foundation, 2019, p. 18). Uma importante ferramenta da economia circular é a logística reversa. Se a economia circular é o todo, o processo holístico, a logística reversa é um dos mecanismos pelos quais a circularidade é possível.

O exemplo mais bem sucedido de logística reversa no Brasil é, provavelmente, o das latas de alumínio utilizadas em bebidas refrigerantes. Hoje, praticamente 100% do alumínio utilizado nessas bebidas é reciclado. Com isso, são gerados benefícios sociais e ambientais. Segundo o Ministério do Meio Ambiente, mais de 800 mil catadores de materiais recicláveis são beneficiados com o programa de logística reversa de latas de alumínio, o que garante uma renda de mais de R$ 5 bilhões por ano[78]. Já do ponto de vista ambiental, a reciclagem proporciona uma redução no consumo de energia, no consumo de água e nas emissões de gases de efeito estufa.

Um dos princípios por trás da economia circular é o da responsabilidade estendida do produtor. A premissa da responsabilidade estendida do produtor é a de que "qualquer fabricante que coloque embalagens no mercado passa a ser responsável pelo gerenciamento e recuperação delas após o descarte, por meio do desenvolvimento de um sistema de logística reversa" (Demajorovic; Massote, 2017, p. 471). No Brasil, essa noção está presente na Política Nacional de Resíduos Sólidos – Lei 12.305/2010 – por meio do conceito de responsabilidade compartilhada pelo ciclo de vida dos produtos.

Uma empresa brasileira que assumiu plenamente a sua responsabilidade dentro de uma lógica de economia circular foi a fabricante de produtos de limpeza YVY. Os produtos da YVY como desinfetantes, desengordurantes, lava roupas e outros são concentrados e disponibilizados em cápsulas. Cabe ao cliente dissolver o produto em água dentro de sua embalagem refil antes de utilizar. A vantagem desse processo de encapsulamento dos concentrados é que reduz enormemente o tamanho das embalagens. Ao diminuir as embalagens, os resíduos sólidos são reduzidos, bem como

---

[78]. Disponível em: https://www.gov.br/pt-br/noticias/meio-ambiente-e-clima/2022/04/indice-dereciclagem-de-latas-de-aluminio-chega-a-99-e-brasil-se-destaca-como-recordista-mundial

a emissão de CO_2 do transporte de distribuição. Além disso, as cápsulas são retornáveis e recicláveis. Como o modelo de negócios se baseia em assinaturas, é possível devolver todas as cápsulas vazias de volta para a YVY para que sejam reutilizadas continuamente. Ou seja, ao fim do ciclo não resta nenhum resíduo sólido para poluir a natureza. Ademais, todos os produtos são inteiramente naturais, com ingredientes de origem vegetal de fontes renováveis como laranja, eucalipto, soja e óleos.

A preocupação da economia circular não se restringe ao destino das embalagens. Os resíduos orgânicos também devem estar no centro das atenções da sustentabilidade corporativa. Uma boa gestão de resíduos orgânicos pode ser feita por meio de biodigestores. Foi isso o que fez o Shopping Eldorado, um dos mais importantes da cidade de São Paulo. Em sua Praça de Alimentação, o shopping produz diariamente aproximadamente 1 tonelada de resíduos orgânicos. Até o ano de 2012, o destino desses restos de alimentos era a lixeira e, posteriormente, algum aterro sanitário. Para mudar esse cenário, em 2012 o *shopping* iniciou um projeto de compostagem dos alimentos para gerar zero resíduos. Todo o lixo passa por uma triagem para separar o orgânico das embalagens. Em seguida, os orgânicos são alocados em uma central de compostagem onde são transformados em biofertilizantes. Por fim, esses biofertilizantes seguem para um outro projeto do *shopping*, o Telhado Verde, onde são produzidos alimentos orgânicos que são distribuídos aos próprios funcionários (Pires, 2013).

Outro modelo de negócios ambientalmente inovador é o praticado pelo Ciclo Orgânico no Rio de Janeiro. Criado por Lucas Chiabi, em 2015, o Ciclo Orgânico foi a primeira empresa de coleta e compostagem de resíduos orgânicos residenciais do Brasil. Após o cliente se inscrever em uma assinatura mensal, ele recebe em sua casa um pequeno balde em que reserva todos os seus resíduos orgânicos. Após uma semana, o entregador do Ciclo Orgânico, que se movimenta de bicicleta, coleta na casa do cliente o balde e lhe entrega um saco com terra adubada. Essa terra adubada é o produto da compostagem dos resíduos orgânicos recolhidos. Ao compostar em vez de destinar esses resíduos para aterros sanitários, a empresa gera um importante impacto ambiental positivo.

Uma empresa regenerativa sabe que é a principal responsável pelo destino do que produz e, por isso, aplica em seu modelo de negócios designs sustentáveis para gerar o mínimo de resíduos sólidos e, assim, garantir a circularidade de sua atividade econômica.

4.2 Reserva Particular do Patrimônio Natural

De acordo com o último relatório divulgado em 2019 pela Plataforma Intergovernamental Político-Científica sobre Biodiversidade e Serviços Ecossistêmicos, IPBES na sigla em inglês, cerca de um milhão de espécies de animais e plantas estão ameaçadas de extinção nas próximas décadas graças à insustentabilidade do atual modo de produção hegemônico. Esse é o contexto que orientou a Assembleia Geral das Nações Unidas a declarar o período de 2021-2030 como a Década da Restauração do Ecossistema, com o objetivo de reverter a degradação da natureza em todo o planeta. Os benefícios dessa restauração podem ser inúmeros. O Plano Nacional de Recuperação da Vegetação Nativa, o Planaveg, demonstra que entre os benefícios ambientais, "a recuperação do passivo de cobertura florestal pode ser considerada uma das maiores contribuições para conservação da biodiversidade" [...], "representa uma grande oportunidade para o sequestro de carbono em áreas degradadas" [...] e pode "contribuir para o aumento da provisão dos serviços ambientais relacionados à água" (Brasil, 2017, p. 33).

Já entre os benefícios sociais podem ser listados o "grande potencial de geração de emprego e renda" [...], que pode gerar "oportunidades de qualificação profissional, de engajamento das comunidades e de inclusão social para milhares de pessoas" [...] além de "contribuir diretamente com a diversificação de renda e com a segurança nutricional de famílias em comunidades rurais" (Brasil, 2017, p. 32).

Infelizmente, a proteção da biodiversidade ainda não conquistou a mesma atenção que as mudanças climáticas. O fato de o IPCC ser muito mais conhecido que o IPBES, por exemplo, é sintomático dessa situação. Em recente pesquisa, Espinosa (2022, p. 125) identificou uma "baixa tração do tema biodiversidade, no âmbito das empresas, quando comparado a outros temas socioambientais".

Não se trata, evidentemente, de uma tarefa simples. Para que essa Década da Restauração obtenha o sucesso esperado, faz-se necessário que cada país, estado e cidade priorize essa agenda, mobilize recursos e organize de forma articulada políticas públicas locais que sejam eficientes e eficazes. Mas não é só o Poder Público que tem algo a fazer. Como a literatura tem demonstrado, a proteção em unidades de conservação públicas tem sido insuficiente para deter a perda de biodiversidade (Silva; Pinto; Scarano, 2021). Por essa razão, as terras de conservação privadas são essenciais. Uma forma de o setor privado contribuir bastante com esse desafio é por meio de um instrumento denominado Reserva Particular do Patrimônio Natural, a RPPN. Criada em 1990, por meio do Decreto 98.914, e regulamentada em 2006 pelo Decreto 5.746, a RPPN, é "unidade de conservação de domínio privado, com o objetivo de conservar a diversidade biológica, gravada com perpetuidade" (Brasil, 2006). Inserida no Sistema Nacional de Unidades de Conservação, SNUC, a RPPN é uma forma de o mundo privado – organizações da sociedade civil, empresas e proprietários rurais – contribuir com a preservação dos ecossistemas. Como contrapartida, as áreas de RPPN ficam declaradas isentas do Imposto Territorial Rural, o ITR.

Em 1990, em Pirenópolis – GO, foi criada a primeira RPPN do Brasil, a Vagafogo. A partir de então, diversas empresas passaram a apostar nesse tipo de iniciativa. Foi o caso da Fundação Boticário, em 1994, quando criou a RPPN Salto Morato, uma área de 2 mil hectares da Mata Atlântica no litoral do Paraná. Em 1998, foi a vez do Serviço Social do Comércio (Sesc) estabelecer uma RPPN na cidade de Barão de Melgaço no Mato Grosso. Hoje, a RPPN Sesc Pantanal já possui mais de 108 mil hectares, garantindo a preservação de inúmeras espécies naquele bioma. Em 2007, a Fundação Boticário voltou a investir na área com a criação da RPPN Serra do Tombador em Goiás com mais de 8 mil hectares. As principais empresas de papel e celulose hoje no Brasil também estão apostando nessa direção. Esse é o caso da Suzano Papel e Celulose, que, por meio do Instituto Ecofuturo, tem gerido algumas RPPNs como a do Parque das Neblinas em São Paulo. Já a Klabin S/A administra a RPPN Complexo Serra da Farofa em Santa Catarina com quase 5 mil hectares e a RPPN Fazenda Monte Alegre no Paraná com 3.852 hectares. De acordo com o Painel da Confederação Nacional de RPPNs, em 2021 existiam mais de 1.600 RPPNs que preservavam mais de 800 mil hectares de áreas naturais no país[79].

Há, porém, um problema. Na medida em que não há necessariamente um planejamento por trás das RPPNs, seus pro-

---

79. Disponível em: https://www.rppn.org.br/

prietários podem estabelecê-las em localidades que não sejam necessariamente consideradas prioritárias ou estratégicas para a preservação da biodiversidade e para o combate às mudanças climáticas. Mas o que seriam áreas prioritárias ou estratégicas para a implementação de RPPNs?

Não há muitas dúvidas de que a restauração florestal seja um dos principais instrumentos de proteção da biodiversidade, dos recursos hídricos e de combate às mudanças climáticas. Mas será que toda ação de reflorestamento é igual? A literatura especializada tem demonstrado que não. Afinal, algumas áreas podem ser mais benéficas para a biodiversidade, outras, para as mudanças climáticas e outras podem ser mais baratas. A restauração de uma área com custo bastante reduzido pode não gerar nenhum resultado para a biodiversidade ou para as mudanças climáticas. Já a restauração de uma outra área muito benéfica para a biodiversidade pode não gerar nenhum resultado para as mudanças climáticas e ainda ser cara demais. E assim por diante. Foi para solucionar esse tipo de problema, ou melhor, para otimizar todas essas variáveis na identificação de áreas prioritárias, que Strassburg *et al.* (2019) criaram um modelo baseado em programação linear para situações complexas de larga escala. Esse modelo considera as três variáveis – conservação da biodiversidade, mitigação das mudanças climáticas e custos. Essa abordagem estratégica para restaurar ecossistemas, dizem os autores, pode triplicar os ganhos de conservação e reduzir pela metade os custos. Isso é possível pois esse modelo "conecta eficiências de escala com priorização espacial multicritério para gerar e avaliar sistematicamente soluções que combinam diferentes pesos de benefícios e custos, gerando fronteiras de eficiência" (Strassburg *et al.*, 2019, p. 64, tradução nossa).

A vantagem desse modelo é que, tendo em mãos os dados de linha de base necessários, é possível ser aplicado em todos os biomas terrestres. O impacto positivo é de grandes proporções na medida em que "restaurar 15% das terras convertidas em áreas prioritárias poderia evitar 60% do esperado em extinções enquanto sequestra 299 gigatoneladas de CO_2 – 30% do aumento total de CO_2 na atmosfera desde a Revolução Industrial" (Strassburg et al., 2020, p. 1, tradução nossa). Em 2023, o modelo passou a ser aplicado pela plataforma Plangea do Instituto Internacional para a Sustentabilidade, IIS[80].

Lima e Franco (2014) demonstram que a manutenção de uma RPPN não é simples, pois as obrigações não são poucas e nem são de fácil execução. Entre essas obrigações, estão

> "a submissão do plano de manejo, o envio (sempre que solicitado) de relatórios sobre as atividades realizadas na reserva, a manutenção dos atributos ambientais da área, a demarcação dos seus limites e a advertência a terceiros sobre a existência da RPPN e das proibições impostas nela" (Lima; Franco, 2014, p. 119). Mesmo antes da manutenção, o próprio processo de criação é complexo e desestimulador. "A exigência de vários documentos do proprietário e do imóvel, e alguns deles são muito difíceis de serem conseguidos, torna o processo difícil, moroso e custoso", dizem Lima e Franco (2014, p. 119).

O reflorestamento e a criação de RPPNs contribuem decisivamente para a realização do objetivo 15 dos ODS que propõe "proteger, recuperar e promover o uso sustentável dos ecossistemas terrestres, gerir de forma sustentável as florestas, combater a desertificação, deter e reverter a degradação da terra e deter a perda de biodiversidade"[81].

---

80. Disponível em: https://plangea.earth/
81. Disponível em: https://brasil.un.org/pt-br/sdgs/15

4.3 Pagamento por serviço ambiental

Um mecanismo cada vez mais adotado para a implementação, conservação e preservação de RPPNs é o chamado Pagamento por Serviço Ambiental, o PSA.

Foi o que fez a Fundação Boticário, em 2003, com o desenvolvimento do "Projeto Oásis São Paulo". O projeto premia financeiramente proprietários que conservam suas áreas naturais e de mananciais e que adotam práticas conservacionistas de uso do solo. Ao pagar para que pequenos proprietários preservem a natureza, a empresa está gerando um benefício social e ao mesmo tempo ambiental.

O nome desse tipo de ação estimulada pela Fundação Boticário é Pagamento por Serviço Ambiental, o PSA. De acordo com a literatura especializada, o PSA pode ser definido por cinco critérios: (1) é uma transação voluntária; (2) é um serviço ambiental bem definido; (3) há pelo menos um comprador para esse serviço ambiental; (4) há pelo menos um fornecedor desse serviço ambiental; (5) é condição que o fornecedor de serviço ambiental assegure o fornecimento (Wunder, 2005, p. 3). Em síntese, trata-se de um mecanismo pelo qual um ator – Poder Público, organização da sociedade civil ou empresa – paga para que outro ator preste um serviço ambiental bem delimitado.

As primeiras experiências de PSA se deram na década de 1990, na Costa Rica e em Nova York, e a partir de então o modelo se disseminou pelo mundo (Altmann, 2008; Brasil, 2011). Uma das etapas dessa internacionalização da prática se deu quando a própria ONU, no relatório intitulado "Água: Uma responsabilidade compartilhada", apresentado no IV Fórum Mundial de Águas, realizado em 2006 no México, sugeriu "o pagamento de serviços ao ecossistema como forma de agregar valor a produtos originados de fontes naturais" (Teixeira, 2011, p. 104).

No Brasil, esse mecanismo do PSA é, inclusive, regulado pela legislação. O Código Florestal instituído pela Lei 12.651 de 2012, em seu artigo 41, autoriza o Poder Executivo Federal a instituir "programa de apoio e incentivo à conservação do meio ambiente" como, por exemplo, "pagamento ou incentivo a serviços ambientais como retribuição, monetária ou não, às atividades de conservação e melhoria dos ecossistemas e que gerem serviços ambientais" (Brasil, 2012). Esse processo avançou com a Lei 14.119, de 13 de janeiro de 2021, que instituiu a Política Nacional de Pagamentos por Serviços Ambientais. Essa lei definiu o PSA do seguinte modo: "transação de natureza voluntária, mediante a qual um pagador de serviços ambientais transfere a um provedor desses serviços recursos financeiros ou outra forma de remuneração, nas condições acertadas, respeitadas as disposições legais e regulamentares pertinentes" (Brasil, 2021). Ou seja, percebe-se uma clara referência da lei nos critérios estabelecidos por Wunder (2005). A lei foi sancionada pelo presidente Jair Bolsonaro, mas com alguns vetos presidenciais que retiraram de seu conteúdo original aspectos relacionados ao financiamento, como a isenção tributária e as linhas de crédito com juros diferenciados, o que prejudicou sua plena realização. Seja como for, o fato é que o Brasil finalmente passou a ter uma política nacional sobre o tema, ainda que insuficiente.

É importante mencionar que as unidades federativas já avançaram nessa agenda bem antes do governo federal. Em 2008, o Espírito Santo foi o primeiro estado a instituir um Programa Estadual de Pagamento por Serviços Ambientais por meio da Lei 8.995. Em São Paulo, o PSA está inserido na Política Estadual de Mudanças Climáticas, a Lei n. 13.798 de 2009. Na Bahia, a Lei 13.223 instituiu a Política Estadual de PSA em 2015 e, em Pernambuco, a Lei 15.809 foi instituída em 2016. Há ainda ações muito interessantes de PSA na Mata Atlântica como o projeto *Conservador de Águas*, implantado no município de Extrema-MG, na Serra da Mantiqueira, que está inserido no programa *Produtor de Águas* da Agência Nacional de Águas, ANA (Moraes, 2012). No caso do Rio de Janeiro, uma iniciativa pioneira de PSA foi o projeto "Produtores de Água e Floresta" desenvolvida no município de Rio Claro desde 2007 para a manutenção da quantidade e da qualidade de água na bacia do Rio Guandu, principal fonte de abastecimento da região metropolitana do estado. Trata-se de uma parceria conjunta da Secretaria Estadual do Ambiente, do Comitê de Bacia Hidrográfica do Rio Guandu, da Prefeitura Municipal de Rio Claro, da *The Nature Conservancy* e do Instituto Terra de Preservação Ambiental. O sucesso dessa iniciativa culminou no Decreto Estadual 42.029 de 2011, que criou o Programa Estadual de Pagamento por Serviços Ambientais, o PRO-PSA (Ruiz, 2015). Com o PRO-PSA, o modelo se espalhou pelo estado de modo que, em 2019, houvesse nove projetos beneficiando 18 municípios no território fluminense com investimentos de mais de R$ 40 milhões[82].

A literatura especializada, no entanto, tem observado que ainda há uma lacuna que impede o maior sucesso do PSA, qual seja, o estabelecimento de um sistema de monitoramento consistente que garanta que os projetos façam adaptações e identifiquem os impactos na vida das pessoas (Lima; Prado; Latawicc, 2021). Esse é um desafio não apenas para o Poder Público, mas também para o mundo privado: não apenas financiar, mas também afiançar por meio de pesquisas e de monitoramentos que os resultados socioambientais sejam de fato alcançados.

---

82. Informação disponível no site do Inea: https://inea.maps.arcgis.com/apps/MapSeries/index.html?appid=68ed6955a37e4c4a8ebda9f5c3 eb4b2f

4.4 Serviços ecossistêmicos

No início de 2018, diversas comunidades ribeirinhas na cidade de Barcarena, no Pará, viram os quintais de suas casas serem tomados por uma lama vermelha. Apesar da chuva, os ribeirinhos sabiam que a culpa não era da natureza, mas sim da atividade econômica que os cercava. Naquela região está estabelecida a mineradora Hydro Alunorte, multinacional norueguesa que é uma das principais produtoras de alumínio do mundo. A sensação geral era a de que, em algum momento, os dejetos tóxicos daquela indústria vazariam. Mas o que aconteceu foi ainda pior por não ter se tratado de um vazamento derivado de um acidente. Um exame realizado pelo Instituto Evandro Chagas, do Ministério da Saúde, constatou a existência de uma "tubulação clandestina de lançamento de efluentes não tratados" (Senra, 2018). Ou seja, o impacto ambiental negativo era de conhecimento da Hydro e proposital. O caso da Hydro revela ainda uma segunda questão, isto é, o duplo padrão ambiental. O duplo padrão ambiental acontece quando uma organização age de uma determinada maneira em um país, mas de forma oposta em outra localidade. O governo da Noruega se apresenta como líder no combate às mudanças climáticas e na busca pela neutralidade de carbono. Porém, esse mesmo governo da Noruega é acionista da Hydro e permite que sua empresa lance poluição em rios da Amazônia.

Uma experiência oposta à da Hydro é a que vem sendo realizada pela Suzano nas nascentes do Rio Mucuri. Em 2017, a fabricante de celulose e de papel iniciou o Programa Nascentes do Mucuri, que tem por objetivo a preservação das nascentes do rio que nasce no nordeste de Minas Gerais e deságua no sul da Bahia. Faz parte do programa a educação socioambiental dos produtores locais para que eles compreendam a importância de proteger os recursos hídricos. Além da preservação, o programa estimula a restauração com a plantação de mudas nas nascentes do rio. A empresa sabe que depende diretamente dos serviços ecossistêmicos – ou, se preferirmos, das contribuições da natureza para as pessoas – oferecidos pelo rio e, por isso, preservá-lo é também uma questão de sobrevivência.

Algo semelhante é feito pela Ambev, por meio do Programa Bacias e Florestas, em parceria com algumas organizações não governamentais. A primeira experiência surgiu em 2010, em parceria com a WWF, na microbacia do Córrego Crispim, em Brasília. Em 2013, com a ONG The Nature Conservancy, o programa mapeou todas as nascentes do município de Jaguariúna, em São Paulo, e, nas etapas seguintes, foram realizadas atividades de restauração e de monitoramento hidrológico. Em 2016, a iniciativa chegou à Bacia do Guandu, na região de Rio Claro, no estado do Rio de Janeiro. O Grupo Boticário também promove segurança hídrica com o apoio ao Movimento Viva Água, implementado desde 2019 na Bacia do Rio Miringuava, em São José dos Pinhais, no estado do Paraná. Uma das metodologias adotadas para o sucesso do Programa Bacias e Florestas e do Movimento Viva Água é o já mencionado pagamento por serviço ambiental. Assim como faz a Suzano, a Ambev e o Grupo Boticário entendem que preservar os recursos hídricos não é só uma exigência para o meio ambiente, mas também para a perenidade de seu próprio modelo de negócios.

Ao trazerem para o centro de suas atividades econômicas a proteção dos serviços ecossistêmicos, a Suzano, a Ambev e o Grupo Boticário estão colaborando de forma proativa com a implementação do ODS 6 – água potável e saneamento – entre outros[83].

---

83. Disponível em: https://brasil.un.org/pt-br/sdgs/6

4.5 Mercado voluntário de carbono

A criação da RPPN, como vimos, é uma importante ação de impacto ambiental positivo. Com ela, uma empresa pode compensar a emissão de carbono ou de perda de biodiversidade que sua atividade econômica gera. Mas há uma outra forma de assumir esse compromisso ambiental de compensação de emissões: trata-se do Mercado Voluntário de Carbono. Vamos imaginar o seguinte exemplo: de um lado, uma empresa X produtora de energia eólica vende créditos que quantificam certas fatias de carbono sequestrado; de outro lado, uma empresa Y interessada na neutralidade de carbono mensura quanto que sua atividade emite para a atmosfera. O Mercado Voluntário de Carbono realiza o encontro entre essas duas empresas. A empresa Y compra da empresa X a quantidade de créditos proporcionais à emissão que proporciona. Com isso, compensa o impacto ambiental de sua ação.

A popularidade do mercado de carbono cresceu com a assinatura do Protocolo de Quioto na COP 3 em 1997. Nesse contexto, a ideia era que países desenvolvidos geradores de poluição pagassem aos países em desenvolvimento pela preservação da natureza por meio do Mecanismo de Desenvolvimento Limpo, MDL. Em 2013, o Marco de Varsóvia, aprovado na COP-19, criou a Redução de Emissões provenientes de Desmatamento e Degradação Florestal, a REDD+. Finalmente, em 2015, o Acordo de Paris, firmado na COP-21, atualizou e impulsionou esse mercado de carbono. Contudo, pelo rigor de seus critérios, muitas vezes empresas e instituições encontravam dificuldade de entrar nesse mercado de carbono regulado pelo Protocolo de Quioto. Foi assim que surgiu um mercado paralelo, um Mercado Voluntário de Carbono. Esse mercado atua principalmente por meio de créditos gerados por projetos florestais baseados no REDD+ ou também pela geração de energias renováveis como a solar e a eólica. Todavia, como veremos na próxima seção, à medida que os projetos de energia renovável já são cada vez mais capazes de ser economicamente viáveis sem o auxílio desses créditos, há um estímulo cada vez maior para que sejam priorizados projetos florestais. A vantagem dos créditos florestais é que eles não apenas contribuem para o sequestro do carbono e para a redução das emissões de gases do efeito estufa, como também preservam a biodiversidade (Vargas; Delazeri; Ferreira, 2022).

Talvez um dos melhores exemplos de mercado voluntário de créditos de carbono por meio de projetos florestais no Brasil é o que tem sido desenvolvido pela Re.green, a maior empresa brasileira de Soluções baseadas na Natureza no país. Criada em 2021, com investimento inicial de R$ 390 milhões, a Re.green tem por objetivo restaurar 1 milhão de hectares da Mata Atlântica e da Floresta Amazônica. O modelo de negócios da empresa funciona da seguinte maneira: em um primeiro momento, são identificadas e compradas grandes áreas degradadas ou convertidas em pastagem que podem ser recuperadas; em seguida, essas áreas são restauradas com a plantação de mudas de espécies nativas fornecidas por viveiros privados de excelência como a Bioflora e por comunidades indígenas; o passo seguinte é transformar essas terras em unidades de conservação; por fim, essas áreas são transformadas em créditos de carbono a serem comercializados no mercado, comprovando que a preservação da natureza pode gerar retorno econômico. O visionário por trás dessa ideia foi o professor de economia da PUC-Rio, Bernardo Strassburg. Por sinal, a identificação das melhores terras para otimizar esse reflorestamento é feita pelo já mencionado modelo formulado por Bernardo e seus colaboradores e aplicado pela Plangea do IIS.

Há, entretanto, uma observação que precisa ser feita. A compensação ambiental não pode ser tratada como uma panaceia por si só. Se uma empresa poluidora compra créditos de carbono, mas continua poluindo, sua ação é incoerente e inútil. É preciso que, ao mesmo tempo em que a compensação seja realizada, a empresa tenha como estratégia a transição de seu modelo de negócios na direção da sustentabilidade. Do contrário, o mercado voluntário de carbono significará, na prática, apenas um direito dos mais ricos continuarem poluindo. Um exemplo de incoerência ou de *greenwashing* é o adotado por algumas empresas petrolíferas como a Chevron. Um relatório divulgado pelo *The Guardian*, em 2023, mostrou que a compensação ambiental da Chevron é inútil se for considerado que a empresa pretende ampliar seus investimentos na extração de petróleo (Lakhani, 2023). Como bem sintetiza o filósofo comunitarista Michael Sandel (2014, p. 78) em sua denúncia dos limites morais do mercado, "o risco é que os créditos do gás carbônico tornem-se, pelo menos para alguns, uma forma indolor de pagar para se livrar das mudanças mais fundamentais de hábitos, atitudes e estilos de vida que podem ser necessárias para enfrentar o problema climático".

Ações relacionadas ao mercado voluntário de carbono que sejam feitas de forma coerente com a sustentabilidade podem contribuir categoricamente para o ODS 7 – Energia limpa e acessível – e para o ODS 13 – Ação contra a mudança global do clima.

4.6 Energias renováveis

O desmatamento é certamente uma das principais causas da perda de biodiversidade e do aquecimento global. Por essa razão, ações como a criação de RPPNs, a compensação de biodiversidade e a prática do PSA, como descritas anteriormente, são tão relevantes para a promoção do impacto ambiental positivo. Mas também sabemos que há um outro motivo determinante para as mudanças climáticas: a queima indiscriminada de combustíveis fósseis. Por combustíveis fósseis, estamos considerando basicamente o petróleo e o gás natural – fontes da matriz energética – e as termoelétricas movidas por carvão – fontes da matriz elétrica. Essas são as chamadas fontes não renováveis, ou seja, são recursos naturais que um dia estarão esgotados. No entanto, além de não serem renováveis, essas fontes possuem um outro problema: ao serem produzidas e consumidas, elas emitem carbono e elevam os níveis de poluentes na atmosfera. De certo modo, poderíamos dizer que toda a história do capitalismo, desde o início da Revolução Industrial no século XVIII até o início do século XXI, foi alimentada pelos combustíveis fósseis.

Entretanto, seria anacrônico dizer que os inventores das máquinas movidas a carvão no século XVIII ou que os primeiros perfuradores de poços de petróleo no século XIX teriam sido antiéticos. Afinal, a ciência ainda não conhecia plenamente as perversas consequências da emissão do carbono na atmosfera. Contudo, agora no século XXI, com os repetidos anúncios do IPCC sobre a relação de causalidade entre combustíveis fósseis e aquecimento global, é certamente antiética a prática de quem ignora a necessidade de uma transição energética em direção aos recursos renováveis não poluentes. Uma empresa só pode ser considerada regenerativa, portanto, se em seu portfólio constar o investimento em energias renováveis como a solar e a eólica. E isso já é realidade em alguns setores da indústria.

Em 2018, a Vivo se tornou a primeira empresa de telecomunicações brasileira com 100% de energia renovável. Outra pioneira foi a PremieRpet que, em abril de 2023, tornou-se a primeira indústria de *pet food* no Brasil a adotar energia solar em todas as suas fábricas. Para atingir esse objetivo, a empresa investiu R$ 940 milhões na maior usina solar do estado de São Paulo, localizada no município de Castilho. Algo semelhante foi feito pela Swift, empresa de produtos alimentícios congelados, para atingir 100% de energia solar em 2023. A diferença é que, além de investir em micro e miniusinas fotovoltaicas, a Swift também instalou captação de energia solar nos telhados das suas próprias lojas. No setor financeiro, o Banco do Brasil começou em 2020 a criar usinas solares para suprir 100% de seu consumo energético.

No caso brasileiro de fontes renováveis, mais do que a energia solar, é a energia eólica que tem causado surpresa pela crescente taxa de investimento. Para ficarmos em apenas um exemplo, o banco Itaú anunciou, em junho de 2023, que investirá cerca de R$ 1 bilhão para entrar em operação de energia eólica na Bahia (Vitória, 2023). Se, por um lado, os números são animadores para o enfrentamento às mudanças climáticas, por outro, é preciso lembrar que mesmo as energias renováveis podem gerar seus impactos socioambientais negativos. Uma pesquisa realizada em 2019 sobre a implementação de usinas eólicas no litoral cearense identificou impactos causados à fauna e à flora, alterações nos níveis de pressão sonora, descaracterização da paisagem natural, fissuras em casas, interferência eletromagnética nos sistemas de comunicação e a proibição do direito de ir e vir pelo local de instalação dos aerogeradores (Costa *et al.*, 2019). Ou seja, mesmo esses projetos não estão imunes a efeitos colaterais sobre a sociedade. Neutralizá-los é tarefa urgente para que esses empreendimentos renováveis sejam sustentáveis.

Investir em energias renováveis é o que aconselha o ODS 7 – Energia limpa e acessível. Esse objetivo 7 discute "assegurar o acesso confiável, sustentável, moderno e a preço acessível à energia para todas e todos"[84]. Trata-se também de uma ação em convergência com o ODS 13 – Ação contra a mudança global do

---

84. Disponível em: https://brasil.un.org/pt-br/sdgs/7

clima[85]. Aqui, vale repetir o que está sendo dito desde o início. Uma empresa não é regenerativa apenas por utilizar 100% de energia renovável. Mas, se quiser ser regenerativa, terá de consumir necessariamente 100% de energia renovável.

4.7 Soluções baseadas na Natureza

Grosso modo, todos os casos tratados neste capítulo são exemplos daquilo que a literatura convencionou nomear Soluções baseadas na Natureza, SbN. A primeira vez que o termo apareceu foi em um relatório do Banco Mundial em 2008. No ano seguinte, o termo foi desenvolvido e tornou-se um conceito nas negociações da Convenção-Quadro das Nações Unidas sobre a Mudança do Clima (Maranhão, 2020). Mas foi com a União Internacional para Conservação da Natureza, IUCN na sigla em inglês, que essa noção ganhou espaço na sociedade civil.

Esse conceito de SbN "funciona como um conceito guarda-chuva que busca expressar todas as soluções que, de alguma forma, se inspiraram, copiaram ou tomaram como base processos naturais para gerar algum benefício para a sociedade humana" (Fraga; Sayago, 2020). Cohen-Shacham *et al.* (2019) realizaram um trabalho de categorizar as cinco abordagens que estão sob esse guarda-chuva: restauradora; temática; infraestrutura; gerenciamento; e proteção. Entre outras práticas dessas SbN podemos mencionar os "jardins de chuva, telhados verdes, aumento da vegetação e parques na cidade, que limitam o estresse térmico, proporcionam superfícies permeáveis e armazenam águas pluviais" (Peres; Schenk, p. 2021, p. 9). No mundo empresarial brasileiro, Ambev, Vale, Boticário e Natura são apenas algumas

---

85. Disponível em: https://brasil.un.org/pt-br/sdgs/13

entre as diversas companhias que mencionam as SbN em seus portfólios de ações.

Há, decerto, críticas ao conceito de SbN ou, ao menos, ao modo como tem sido utilizado. A forma como se apresenta como sendo transformadora e pluralista muitas vezes invisibiliza saberes e dimensões de poder e reforça ontologias ocidentais hegemônicas (Woroniecki *et al.*, 2020). Feita essa ressalva, o conceito pode ser útil se adotado de maneira reflexiva e inclusiva, reconhecendo diversidades de saberes e conhecimentos.

Em síntese, como podemos observar, as SbN discutidas neste capítulo são decisivas para uma Empresa Regenerativa. E isso se comprova em números. De acordo com a Organização das Nações Unidas (2019), as SbN "podem responder por mais de um terço da mitigação climática economicamente eficaz, necessária entre o presente e 2030, para estabilizar o aquecimento global em menos de 2 °C, chegando ao potencial de mitigação da natureza de 10 a 12 giga toneladas de CO_2 por ano".

5
Cidadania corporativa

> *Fazer florescer uma empresa-cidadã –*
> *que seja capaz de conciliar a eficácia*
> *econômica com preocupações sociais,*
> *além de respeitar as regras ambientais*
> *e a ética dos negócios – será*
> *o grande desafio a que o capitalismo*
> *se colocará no século XXI*
>
> (Srour, 2003, p. 390).

Até o momento já vimos que Empresas Regenerativas são aquelas que conjugam ao mesmo tempo a busca pelo valor compartilhado, a geração de impacto ambiental positivo e a governança corporativa sustentável. Entretanto, tudo isso ainda será pouco se essa empresa for incapaz de agir de forma articulada na esfera pública, com a sociedade civil e com a sociedade política, na construção do bem comum. Isso é o que, em linhas gerais, pode ser entendido como cidadania corporativa.

O conceito de cidadania corporativa remete à década de 1990. Naquele momento, Carroll (1998) propôs quatro dimensões constitutivas da cidadania corporativa: econômica, legal, ética e filantrópica. Em síntese, Carroll estava dizendo que a empresa cidadã precisa ter lucro para atender aos interesses dos acionistas, precisa respeitar as leis, deve ser vista como ética pelo público e deve apresentar retornos para a sociedade. Schommer e Fischer (1999, p. 104) entendem que a cidadania empresarial "envolve um contínuo de conceitos, que vão desde a ação filantrópica até programas vinculados à estratégia de sobrevivência da empresa a longo prazo". Para Silva, Reis e Amâncio (2011), a cidadania empresarial "caracteriza o envolvimento da empresa em programas sociais de participação comunitária, podendo envolver o voluntariado, o compartilhamento de sua capacidade gerencial, parcerias com associações ou fundações e investimentos em projetos socioambientais". O que todas essas interpretações possuem em comum é o fato de confundirem a cidadania corporativa ou empresarial com a noção de responsabilidade social e, algumas vezes, com a de filantropia. Isso empobrece o conceito na medida em que não exige que a empresa seja também indutora das transformações socioambientais em larga escala que o século XXI exige.

Para nosso objetivo, a cidadania corporativa deve ser compreendida de outra forma. Tom Bottomore (1976, p. 73), no *Dicionário do Pensamento Social do século XX,* explica que um dos elementos que caracteriza a cidadania é "a autodisciplina, o patriotismo e a preocupação com o bem comum". O "patriotismo" aqui pode ser mal-entendido, mas o que Bottomore está falando é de "uma maior participação popular nos negócios do governo, não apenas de uma comunidade nacional, mas também de associações regionais mais amplas". Tudo isso para que seja alcançado o bem comum. Essa ideia de cidadania como participação talvez seja mais adequada para um conceito mais preciso de cidadania corporativa. Para deixar clara a definição proposta: a cidadania corporativa é a prática empresarial que visa ao associativismo na sociedade civil e à participação na esfera pública com o objetivo de promoção do bem comum.

Claro, a dúvida sobre o que é o tal "bem comum" ainda poderá persistir. Como as diferentes concepções de mundo podem apregoar distintas noções de bem comum, vale registrar do modo mais minimalista e rigoroso possível o que isso significa. Por bem comum, entendem-se as diretrizes consensuais propostas pela Declaração Universal dos Direitos Humanos, pelos Objetivos do Desenvolvimento Sustentável e por fóruns internacionais amplamente reconhecidos e legitimados, como é o caso do IPCC e do IPBES. Ou seja, bem comum é um sinônimo de direitos humanos e de preservação do planeta. Logo, a cidadania corporativa é a prática empresarial que busca o associativismo na sociedade civil e a participação na esfera pública com o objetivo de promover os direitos humanos e a preservação do planeta. Aliás, essa ação está em consonância com o Objetivo de Desenvolvimento Sustentável 17 – Parcerias e meios de implementação. O ODS 17 trata precisamente do fortalecimento dos meios de implementação dos ODS e da revitalização da parceria global para o desenvolvimento sustentável. De forma ainda mais particular, a meta 17.17 menciona a importância de "incentivar e promover parcerias públicas, público-privadas e com a sociedade civil eficazes, a partir da experiência das estratégias de mobilização de recursos dessas parcerias"[86]. Esse é o quarto pilar da Empresa Regenerativa.

A seguir, listo alguns dos elementos que caracterizam práticas constitutivas de uma cidadania corporativa, como o associativismo, a cooperação, a coopetição, a *advocacy* socioambiental e o combate ao *rent seeking* e ao *lobby* antiambiental.

---

86. Disponível em: https://brasil.un.org/pt-br/sdgs/17

5.1 Associação corporativa

> *Para que os homens permaneçam ou se tornem civilizados, é necessário que entre eles a arte de se associar se desenvolva e se aperfeiçoe na mesma proporção que a igualdade de condições cresce.*
> (Tocqueville, 2000, p. 136)

O primeiro passo da cidadania corporativa é a associação. Conforme o já conhecido *Dicionário de Política* de Bobbio, Matteucci e Pasquino (1993, p. 64), "as associações voluntárias consistem em grupos formais livremente constituídos, aos quais se tem acesso por própria escolha e que perseguem interesses mútuos e pessoais ou então escopos coletivos". Sob uma perspectiva coletiva, as principais formas de associativismo empresarial são os chamados sindicatos patronais. No Brasil, esses sindicatos patronais constituem organizações nacionais, como é o caso da Confederação Nacional da Indústria, CNI, da Confederação Nacional da Agricultura, CNA, da Confederação Nacional do Comércio, CNC, ou da Federação Brasileira de Bancos, Febraban[87]. Essas associações sindicais patronais, entretanto, são geralmente constituídas por objetivos defensivos, seja para se protegerem da ação dos sindicatos de trabalhadores, seja para se defenderem da intervenção estatal. Quando atuam de forma proativa, na maior parte das vezes, é com o objetivo de buscar auxílios estatais para seus interesses particularistas.

Mas nem todo associativismo corporativo precisa ser dessa forma. Há diversas experiências positivas de setores econômicos que se organizaram em torno de objetivos coletivos. Na Europa, por exemplo, em 1996, surgiu o *European Business Network for Social Coesion*, EBNSC, um grupo de empresas europeias preocupadas com a exclusão social. Em 2000, a EBNSC passou a chamar-se *Corporate Social Responsibility Europe*, CSR Europe. Por fim, a

---

87. Sobre a organização do sindicalismo patronal no Brasil, cf. Rodrigues (2021).

associação incorporou o tema do desenvolvimento sustentável e passou a se chamar CSR Europe – *European business network for corporate sustainability and responsibility*. Essa rede empresarial tem trazido a Agenda 2030 para o centro do debate público europeu.

Sob esse registro, um bom exemplo no país é o Conselho Empresarial Brasileiro para o Desenvolvimento Sustentável, Cebds. Fundado em 1997, o Cebds hoje reúne mais de uma centena de grupos empresariais com atuação no Brasil e é o representante do país no Conselho Empresarial Mundial para o Desenvolvimento Sustentável, WBCSD na sigla em inglês. Em 2021, por exemplo, o Cebds articulou o setor empresarial, a sociedade civil e os diplomatas brasileiros do Itamaraty na construção de bases e de compromissos para a intervenção do Brasil na COP 15 da Biodiversidade (Aguiar *et al.*, 2023).

Em 1998, foi criado, também por um grupo de empresários brasileiros o Instituto Ethos de Empresas e Responsabilidade Social, outra associação corporativa que tem por objetivo a disseminação de boas práticas empresariais. O instituto criou uma ferramenta chamada Indicadores Ethos que permite que qualquer empresa realize um autodiagnóstico e gere um relatório de sustentabilidade capaz de apontar metas para o avanço da gestão[88].

Outro exemplo que merece ser lembrado foi a criação em 2004 da Mesa Redonda do Óleo de Palma Sustentável, RSPO na sigla em inglês. A RSPO foi uma iniciativa de empresas e demais partes interessadas do setor do óleo de palma que buscaram construir coletivamente um conjunto de critérios para reduzir os impactos negativos do cultivo sobre o meio ambiente e comunidades. Entre as partes interessadas estão produtores de dendê, processadores ou comerciantes de óleo de palma, fabricantes de bens de consumo, varejistas, bancos e investidores, e ONGs ambientais e sociais. Em

---

88. Disponível em: https://www.ethos.org.br/conteudo/indicadores/

2022, havia 3739 empresas certificadas no RSPO que confirmavam, assim, o seu compromisso com a sustentabilidade[89].

Nessa mesma direção surgiu a Coalizão Brasil, Clima, Florestas e Agricultura em 2015. Trata-se de um movimento composto por mais de trezentos representantes do setor privado, da academia e da sociedade civil. Na sua agenda está "o fim do desmatamento e da exploração ilegal de madeira, o incentivo à agricultura de baixo carbono, a recuperação de áreas degradadas, o ordenamento fundiário e a proteção social de comunidades, bem como o estímulo à produção competitiva e sustentável de alimentos, produtos florestais e bioenergia"[90]. Líder empresarial que esteve envolvido tanto com a criação do RSPO, quanto da Coalizão Brasil, Clima, Florestas e Agricultura, Marcelo Britto costuma dizer que o agronegócio não é homogêneo. De acordo com Britto, "essas quadrilhas atuam na ilegalidade, tomando posse de terras, provocando queimadas e, eventualmente, criando gado para ocupar o espaço. Isso mancha a reputação do setor, aumenta a insegurança jurídica e prejudica a competitividade dos produtos brasileiros nos mercados nacional e internacional"[91].

Mais recentemente, tem crescido o associativismo corporativo em torno dos chamados negócios de impacto socioambiental. A Aliança pelos Investimentos Sociais e Negócios de Impacto, grupo formado por dezenas de organizações articuladas pelo Instituto de Cidadania Empresarial, tem conseguido trazer o tema para o centro da agenda a partir do diálogo entre o setor empresarial, a sociedade civil e o governo. Em 2015, a Aliança lançou a Carta de

---

89. Disponível em: https://rspo.org/pt/
90. Disponível em: https://www.coalizaobr.com.br/home/index.php/sobre-a-coalizao/quemsomos
91. Disponível em: https://www.coalizaobr.com.br/home/index.php/ultimas-noticias/revistaagroanalysis/743-data-novembro-de-2019-entrevista-campanha-pela-amazonia-une-sociedadecivil-e-agronegocio-entrevistados-andre-guimaraes-e-marcello-brito

Princípios para Negócios de Impacto no Brasil com quatro princípios que negócios de impacto devem assumir: (1) compromisso com a missão social e ambiental; (2) compromisso com o impacto social e ambiental monitorado; (3) compromisso com a lógica econômica; e (4) compromisso com a governança efetiva. Em dezembro de 2017, inspirado pela Aliança, o Governo Federal lançou o Decreto n. 9.244, de 19 de dezembro de 2017, que instituiu a Estratégia Nacional de Investimentos e Negócios de Impacto e criou o Comitê de Investimentos e Negócios de Impacto. Todo esse processo foi atualizado com o Decreto n. 11.646, de 16 de agosto de 2023, que instituiu a Estratégia Nacional de Economia de Impacto e o Comitê de Economia de Impacto. O decreto define como economia de impacto a "modalidade econômica caracterizada pelo equilíbrio entre a busca de resultados financeiros e a promoção de soluções para problemas sociais e ambientais, por meio de empreendimentos com impacto socioambiental positivo". Diz ainda que a economia de impacto permite "a regeneração, a restauração e a renovação dos recursos naturais e a inclusão de comunidades" e contribui "para um sistema econômico inclusivo, equitativo e regenerativo". Já os negócios de impacto são "empreendimentos com o objetivo de gerar impacto socioambiental e resultado financeiro positivo de forma sustentável" (Brasil, 2023).

5.2 Cooperação contra a tragédia dos comuns

Já vimos que o associativismo corporativo tendo como objetivo o bem comum e não apenas interesses particularistas é uma realidade possível. Embora menos intuitivo, esse associativismo também pode assumir a face de cooperação no lugar da competição tão usual no mundo empresarial. Não se trata da cooperação própria de um cartel ou de um truste, quando empresas cooperam apenas para maximizar seus lucros, mas sim de uma cooperação que visa um ganho coletivo.

Até o século XX, poucos acreditavam que esse tipo de cooperação empresarial fosse possível. A melhor expressão dessa interpretação pessimista sobre a natureza humana veio à tona em 1968, com a publicação na revista *Science* do artigo *A tragédia dos comuns*, do ecologista estadunidense Garrett Hardin. Para ilustrar o que entende por tragédia dos comuns, Hardin utiliza como exemplo uma hipotética pastagem de uso livre para pastores locais. Cada pastor pode levar a quantidade de animais que quiser para essa pastagem. A lógica individual, diz Hardin, faz com que cada pastor leve o maior número de animais que for possível para pastar naquele terreno. Todavia, como a pastagem possui tamanho e recursos limitados, a superexploração acaba por tornar a terra degradada, inviável para a continuidade. Como todos os pastores sabem o que acontecerá, mas mesmo assim entendem que o melhor a ser feito é continuar a explorar o máximo possível, Hardin entende tratar-se de uma tragédia. Hardin conclui que a única solução possível é a privatização – a pastagem ter um dono que imponha limites – ou a regulamentação.

Na década de 1990, a tese de Hardin foi desmentida pela ciência. O trabalho da ganhadora do Prêmio Nobel de Economia, Elinor Ostrom, e de seus colaboradores demonstrou que a tragédia dos comuns pode ser evitada pela governança e pela cooperação (Ostrom *et al.*, 1999). Independentemente da privatização ou da estatização, há diversas experiências de comunidades que foram capazes de gerir de forma sustentável os recursos oferecidos pela natureza.

O turismo antártico é um bom exemplo de governança dos comuns. Na medida em que não há altas capacidades de fiscalização de regulamentações internacionais sobre o turismo na Antártica, esse tipo de atividade econômica poderia gerar danos na natureza irreversíveis. Mas não é isso o que acontece. Sarfati e Dano (2012, p. 365) examinaram essa problemática e concluíram que "grande parte do crescimento do turismo no Continente é fruto de grandes cruzeiros que não realizam desembarques em terra e seguem rigorosamente regras e recomendações de diversas organizações envolvidas no turismo antártico". Mesmo sem a fiscalização necessária, as empresas perceberam a importância de seguirem as orientações internacionais sobre o tema e agirem de forma a gerar o menor impacto ambiental possível.

Claro, nem sempre isso acontece. A crise da pesca da lagosta no litoral do Ceará talvez seja um bom exemplo da atualidade da tragédia dos comuns no Brasil. Seja como produto de exportação, seja como produto de sustento das comunidades pesqueiras, a pesca da lagosta é uma das principais atividades econômicas do estado do Ceará. Essa pesca, no entanto, recorrentemente enfrenta riscos devido à superexploração a que está submetida. O alto valor da lagosta no mercado internacional faz com que haja uma corrida pela sua captura, na maior parte das vezes de forma predatória, irresponsável e ilegal, pois "não respeita o período de defeso, captura uma quantidade acima do limite sustentável para a manutenção da espécie, não atende ao tamanho mínimo de captura do animal e utiliza meios de pesca extremamente prejudiciais à espécie e ao seu habitat" (Barroso, 2011, p. 107). Desde 2004, o Brasil possui um Comitê de Gestão de Uso Sustentável de Lagostas, que, inclusive, elaborou de forma articulada com o Ibama e a com a sociedade civil um Plano de Gestão para o Uso Sustentável de Lagostas que está em vigor desde 2006. Porém, a pesca ilegal e insustentável ainda permanece e é alvo frequente de denúncias e de operações da polícia como a realizada em março de 2023[92]. Ou seja, nesse caso, a sociedade civil por si só não conseguiu resolver o problema da tragédia dos comuns na vida marítima e precisou do auxílio do aparato estatal para a fiscalização. Apesar disso, não deve ser compreendido que a governança criada pelo Comitê e pelo Plano tenha sido improfícua.

---

92. Disponível em: https://g1.globo.com/ce/ceara/noticia/2023/03/01/pf-cumpre-man dados-emoperacao-contra-pesca-ilegal-da-lagosta-no-ceara.ghtml

Ao utilizar a cooperação contra a tragédia dos comuns nos oceanos, empresas pesqueiras podem contribuir para a realização do ODS 14 – vida na água –, em particular com a meta 14.4 que diz:

> até 2020, efetivamente regular a coleta, e acabar com a sobrepesca, ilegal, não reportada e não regulamentada e as práticas de pesca destrutivas, e implementar planos de gestão com base científica, para restaurar populações de peixes no menor tempo possível, pelo menos a níveis que possam produzir rendimento máximo sustentável, como determinado por suas características biológicas[93].

5.3 Combater o *Rent seeking* e o *lobby* antiambiental

> *A pedido de empresários, Ministério da Economia solicita que Meio Ambiente afrouxe regras*[94].
>
> *Ministério da Economia pede ao Meio Ambiente para flexibilizar 14 regras ambientais*[95].
>
> *Avança no MMA pedido do Ministério da Economia para afrouxar normas ambientais*[96].
>
> *Ministério da Economia se une aos esforços do Governo para "passar a boiada" sobre regras ambientais*[97].

---

93. Disponível em: https://brasil.un.org/pt-br/sdgs/14

94. https://www.cartacapital.com.br/cartaexpressa/a-pedido-de-empresarios-ministerio-daeconomia-solicita-que-meio-ambiente-afrouxe-regras/

95. https://oglobo.globo.com/brasil/meio-ambiente/ministerio-da-economia-pede-ao-meioambiente-para-flexibilizar-14-regras-ambientais-25212539

96. https://oeco.org.br/reportagens/avanca-no-mma-pedido-do-ministerio-da-economia-paraafrouxar-normas-ambientais/

97. https://brasil.elpais.com/brasil/2021-09-24/ministerio-da-economia-se-une-aos--esforcos-dogoverno-para-passar-a-boiada-sobre-regras-ambientais.html

Essas foram apenas algumas entre as muitas manchetes publicadas pela imprensa brasileira, em setembro de 2021, após a descoberta de que empresários brasileiros teriam solicitado ao Ministério da Economia que exercesse uma pressão sobre o Ministério do Meio Ambiente pela flexibilização das normas ambientais. De acordo com a imprensa, o pedido teria partido de setores ligados ao Movimento Brasil Competitivo, um conglomerado de empresas que tem como objetivo ampliar a produtividade e a competitividade do mercado brasileiro. Ou seja, há também um associativismo e uma cooperação empresarial que age contra o bem comum.

Com efeito, não é uma novidade que uma parcela do setor empresarial brasileiro haja por meio de *lobby* junto ao Poder Público para afrouxar a legislação ambiental do país. Há diversos estudos que mostram a existência de um movimento antiecologista no Congresso Nacional (Accioly; Sánchez, 2012; Layrargues, 2018). São parlamentares – deputados e senadores – financiados por empresas que utilizam como estratégias a desinformação, a distorção de descobertas científicas e que "se organizam para exercer pressão a favor da flexibilização da legislação ambiental e do desmonte do aparato público administrativo para a gestão ambiental, assim como a redução de verbas públicas para a fiscalização" (Accioly; Sánchez, 2012, p. 103). E esse *lobby*, como demonstram as manchetes supramencionadas, também atua sobre o Poder Executivo.

A fazer esse tipo de *lobby* junto ao Estado, esses empresários estão realizando aquilo que a literatura especializada convencionou chamar de *rent seeking*. O *rent seeking* pode ser definido de forma clássica como a "obtenção de mais riqueza e renda através da ação política" (Mitchell; Simmoons, 2003, p. 141). Mais do que isso, o *rent seeking* "é uma busca de renda pessoal sem produzir algo e sem adicionar um valor agregado" (Gianturco, 2017, p. 51). Quando empresas influenciam ou pressionam o Estado a oferecer subsídios ou protecionismo para determinados setores, estão praticando o *rent seeking*. Trata-se de um conceito de origem liberal que partiu de economistas como Mancur Olson (1982) e Gordon Tullock (1967) para a crítica da intervenção do Estado na economia. É, portanto, um conceito danoso se for utilizado de forma genérica para a demonização de políticas econômicas desenvolvimentistas que buscam o bem comum. Não obstante esse problema de origem, é verdade que o conceito de *rent seeking* pode ser uma ferramenta útil para analisarmos situações específicas da relação entre Estado e mercado, quando são beneficiados apenas os interesses particularistas de determinados setores em detrimento do bem comum. No caso desses empresários supramencionados que atuaram junto ao governo para remover as regulações ambientais a que estavam submetidos, tratava-se claramente de *rent seeking*. Na busca pelo lucro, o praticante de *rent seeking* entende que é mais fácil e barato acomodar seus recursos no *lobby* junto ao governo em vez de investir em laboratórios de inovação tecnológica e criação de patentes, por exemplo. Quem perde, claro, é o bem comum.

Contudo, não é todo o campo empresarial que atua com despreocupação com o meio ambiente. Há empresários realmente comprometidos com a agenda da sustentabilidade e que atuam assertivamente junto aos governos em favor de questões socioambientais. São empresários que praticam aquilo que defino como uma *advocacy* sustentável.

5.4 *Advocacy* sustentável

A *advocacy* sustentável pode ser compreendida como o engajamento de setores empresariais em defesa de uma agenda socioambiental positiva, seja por meio da organização de balizas para a produção sustentável, seja por meio de *advocacy* junto ao Poder Público para que normas ambientais mais rigorosas sejam aplicadas.

Um bom exemplo de empresa que pratica a *advocacy* sustentável é a estadunidense Patagonia. Em 2017, quando o então Presidente Donald Trump anunciou planos de reduzir drasticamente duas enormes áreas de proteção ambiental no estado de Utah – o Bears Ears e a Grande Escadaria-Escalante – a Patagonia iniciou uma campanha de mobilização nacional contra o governante que culminou com uma ação para processá-lo em Washington. O embate entre o presidente e a empresa durou os quatro anos de mandato. Em 2020, ano da eleição presidencial, a Patagonia chegou até mesmo a incluir uma frase nas etiquetas de suas roupas: "vote para tirar os idiotas do poder". Muitos acharam que seria um recado direto para Trump, mas ia além disso. "Refere-se a políticos de qualquer partido que negam ou desconsideram a crise climática e ignoram a ciência, não porque não tenham consciência disso, mas porque seus bolsos estão cheios de dinheiro dos interesses do petróleo e do gás", explicou Tessa Byars, porta voz da empresa[98]. Não é por acaso que a Patagonia se considera uma empresa ativista.

Para a boa realização de uma *advocacy* sustentável é importante que o mundo empresarial mantenha articulação com redes de especialistas e com organizações da sociedade civil. A Plataforma Brasileira de Biodiversidade e Serviços Ecossistêmicos, BPBES na sigla em inglês, é um exemplo de instrumento de interface entre ciência e tomada de decisão com a qual empresas preocupadas com a sustentabilidade devem dialogar. Criada em 2015 por cientistas brasileiros de forma independente do governo, o BPBES tem por objetivo organizar e divulgar a melhor ciência

---

[98]. Disponível em: https://vogue.globo.com/atualidades/noticia/2020/09/marca-coloca-apelopolitico-na-etiqueta-de-suas-roupas-vote-para-tirar-os-idiotas-do-poder.html

sobre a biodiversidade brasileira para atores governamentais e não governamentais. Em geral, ela é vista como um instrumento de comunicação científica do mundo da ciência para o mundo governamental. Mas não é só isso. Se bem utilizados, os relatórios do BPBES podem servir também ao setor empresarial de dois modos: por um lado, as empresas podem ter uma melhor orientação para a tomada de decisão privada quando assuntos ambientais estão envolvidos; e, por outro, empresas comprometidas com a sustentabilidade podem se somar na defesa da agenda do BPBES junto às políticas públicas. Scarano *et al.* (2019) argumentam que o fato de ser independente do governo permite que o BPBES tenha resiliência em épocas de cortes públicos nos orçamentos de Ciência e Tecnologia. Para isso é fundamental o engajamento do setor privado e da sociedade civil na plataforma. Atuar com Cidadania Corporativa é, portanto, apoiar iniciativas como o BPBES.

Em seu conhecido texto publicado em 2004, na *Harvard Business Review*, Simon Zadek sugeria que, na trajetória para a responsabilidade corporativa, as empresas tendem a passar por cinco diferentes estágios: (1) a negação; (2) o *compliance*, ou agir de acordo com as regras; (3) um estágio gerencial, quando assuntos sociais são incorporados como responsabilidade nos processos da empresa; (4) um estágio estratégico, quando a empresa percebe que a incorporação das questões sociais no modelo de negócios pode gerar um salto competitivo; (5) por fim, um estágio civil, ou, como prefiro, cidadão, quando a empresa propõe ações coletivas para a sociedade de modo a mudar o padrão cultural, social e legal. A empresa que chegou nesse quinto estágio é a que está mais próxima de ser regenerativa.

5.5 Um movimento anti *Black Friday*

O modo atual de produção é, seguramente, o grande causador dos problemas socioambientais descritos até aqui. Não só pelo que produz e como produz, mas também pela forma como fabrica necessidades supérfluas de consumo que não são naturais. Uma pesquisa de 2010 mostrou que, se toda a população do planeta pudesse ter os mesmos hábitos de consumo dos estadunidenses, a Terra conseguiria sustentar apenas 1,4 bilhão de pessoas (WWI, 2010). Considerando que a população mundial passou de 8 bilhões de pessoas em 2022, uma conta rápida revela a assimetria de consumo entre países: para a população dos Estados Unidos manter seus hábitos é preciso que populações do Sul Global consumam praticamente nada. Mas será que todo ser humano precisa ter um carro individual próprio, trocar de celular anualmente e ter uma televisão do tamanho da parede do quarto?

Com efeito, a percepção de que o modo de produção capitalista fabrica o consumo é antiga. No século XIX, Marx usava a expressão "fetichismo da mercadoria" para descrever como no capitalismo, por um lado, a mercadoria ganhou vida de forma mágica no âmbito do consumo e, por outro lado, como escondeu, invisibilizou e ocultou as relações sociais e econômicas entre os homens que produzem essas mesmas mercadorias. No século XX, novas interpretações reafirmaram essa lógica: Marcuse (1973) falava das "falsas necessidades" impostas pela sociedade industrial; Guy Debord (1997) se preocupou em denunciar a "sociedade do espetáculo" que mercantilizou o mundo por meio de imagens; Adorno e Horkheimer (1985) criticaram a "indústria cultural" que transformou a cultura em mercadoria; Mészáros (2011) apontava para as "necessidades artificiais" produzidas pelo capital; Baran e Sweezy (1978) denunciavam como o capitalismo expandiu seus investimentos em publicidade para gerar novas necessidades e, assim, ampliar a margem de lucro; já Bauman (2008) e Baudrillard (1995) definiram essas sociedades contemporâneas como "sociedades de consumo". De certo modo, é como se cada um deles estivesse se perguntando, à sua maneira: "será que realmente precisamos consumir como consumimos?"

Foi a partir dessa leitura de que o consumo não precisa ser incentivado excessivamente que algumas empresas iniciaram movimentos contra o *Black Friday*, termo utilizado para a última sexta-feira do mês de novembro, momento em que se inaugura a temporada de compras para o Natal. Em geral, as empresas investem em muita publicidade para o anúncio de descontos para os consumidores que realizarem compras nesse dia e, assim, faturam lucros e mais lucros no fim do ano. Algumas empresas, no entanto, perceberam a insustentabilidade que gira em torno desse dia. Foi o caso da já mencionada Patagonia, em 2012, quando promoveu publicidade contra o *Black Friday*. Naquela sexta-feira, a empresa bancou um anúncio de página inteira no *The New York Times* dizendo o seguinte: "Não compre o que não precisa. Pense duas vezes antes de comprar qualquer coisa"[99]. Curiosamente, o impacto nas vendas da Patagonia foi positivo, pois a campanha tornou a marca mais conhecida entre os consumidores. No Brasil, algo semelhante aconteceu, mas com uma abordagem um pouco diferente. A YVY – fabricante de produtos de limpeza naturais – aderiu à campanha *Green Friday*, que promove o consumo apenas de produtos naturais. "As pessoas ficam mais abertas a experimentações na Black Friday, então, queremos aproveitar para fomentar o consumo consciente", explica Marcelo Ebert, fundador da YVY[100].

---

99. https://exame.com/colunistas/oportunidades-disfarcadas/nesta-black-friday-nao-compre-omeu-produto/

100. https://exame.com/esg/contra-o-consumismo-empresas-apostam-em-black-fridaysustentavel/

Seja simplesmente boicotando a *Black Friday* como faz a Patagonia, seja ressignificando-a como faz a YVY, o importante para uma empresa regenerativa é que contribua para a prática do consumo sustentável entre seus clientes. Ademais, ao agirem dessa forma, as empresas regenerativas estão convergindo com o ODS 12 – consumo e produção responsáveis – em particular com sua meta 12.8, que propõe que até 2030 "as pessoas, em todos os lugares, tenham informação relevante e conscientização para o desenvolvimento sustentável e estilos de vida em harmonia com a natureza"[101].

5.6 Não financiar ataques contra a democracia

> *Vamos dar golpe em quem quisermos. Lide com isso.*
> (Elon Musk)

A Tesla é conhecida mundialmente pela sua produção de carros elétricos. Seus carros já disputam com força o mercado de automóveis no cenário internacional. Basta dizer que, em 2022, dois carros da fábrica apareceram no ranking dos dez mais vendidos no mundo[102]. Aliás, os carros elétricos causam fascínio entre alguns defensores da causa da sustentabilidade. O presidente dos Estados Unidos, Joe Biden, chegou até mesmo a lançar, em 2021, um plano bilionário de investimentos nessa indústria para reduzir as emissões de carbono do país. Mas será que os carros elétricos são realmente sustentáveis? Há razões para crermos que não. Em primeiro lugar, não faz sentido continuarmos a estimular o veículo individual no lugar do transporte público. Em segundo

---

101. Disponível em: https://brasil.un.org/pt-br/sdgs/12
102. Disponível em: https://quatrorodas.abril.com.br/noticias/vendas-de-eletricos-crescem-e-teslamodel-y-e-terceiro-no-ranking-mundial

lugar, é necessário na constituição de suas baterias um minério bem específico, o lítio, cuja exploração tem causado problemas de diversas ordens, como ambiental, social e política.

O lítio utilizado nas baterias dos carros elétricos é encontrado em abundância na Bolívia. Alguns dados sugerem que o país detenha 70% das reservas mundiais de lítio. Controlar essa produção, portanto, é fundamental para aqueles que têm interesse em lucrar com a produção de carros elétricos. Para efetivar essa exploração sob suas bases, o governo boliviano, liderado pelo Presidente Evo Morales, optou por uma parceria comercial estratégica com a China, o que desapontou empresas estadunidenses como a Tesla. Nesse processo, um golpe de Estado articulado por empresários e militares removeu Morales do poder em 2019. Imediatamente após o golpe, as ações da Tesla subiram (Prashad, 2019).

Foi nesse contexto que o CEO da Tesla, Elon Musk, cometeu um de seus costumeiros "sincericídios". Em 24 de julho de 2020, em seu Twitter, Musk declarou sem hesitar: "Vamos dar golpe em quem quisermos. Lide com isso"[103]. Musk se referia ao golpe de Estado que acabara de acontecer na Bolívia para tirar do poder o presidente eleito democraticamente, Evo Morales. Na prática, a postagem de Musk foi um reconhecimento público de que sua empresa atuou contra a democracia no país latino-americano tendo em vista seus lucros privados.

No Brasil, a história não tem sido muito diferente. No mais rigoroso trabalho de pesquisa sobre a ditadura militar já realizado, Ana Carolina Reginatto desvelou todas as nuances das relações entre as mineradoras e o regime autoritário estabelecido no Brasil em 1964. Reginatto (2019, p. 407) observou que o entrelaçamento entre empresas e ditadura promoveu a "ocupação do território

---

103. Disponível em: https://www1.folha.uol.com.br/mundo/2020/08/declaracao-de-elon-muskreacende-debate-sobre-o-litio-na-bolivia.shtml

amazônico via iniciativa privada, permitindo o assalto às ricas reservas da região pelos grandes grupos econômicos do setor – privados e estatais, nacionais e estrangeiros". O empresariado apoiou a ditadura e lucrou com ela.

Esse tipo de prática tem se repetido na história brasileira recente. Em 2016, o golpe de Estado contra a Presidente Dilma Rousseff contou com apoio aberto de diversos setores empresariais. Paulo Skaf, presidente da Federação das Indústrias do Estado de São Paulo, FIESP, chegou a declarar que "todos nós vamos nos concentrar em conscientizar os parlamentares de que o país quer o *impeachment*"[104]. Eduardo Eugênio Gouvêa, presidente da Federação das Indústrias do Rio de Janeiro, Firjan, seguiu a mesma linha: "[Vamos] mostrar aos parlamentares a obrigação deles, de votar para o Brasil, mudando a presidente do Brasil o mais rapidamente possível. Não podemos continuar nessa pasmaceira". Já Robson Andrade, presidente da Confederação Nacional da Indústria, CNI, endereçou carta aos deputados federais solicitando apoio ao *impeachment* na véspera da votação na Câmara. O mesmo apoio foi dado pelas entidades ligadas à Confederação Nacional da Agricultura, CNA, e à Confederação Nacional do Comércio, CNC (Rodrigues, 2021).

Por óbvio, empresas que praticam a cidadania corporativa não apoiam golpes contra a democracia. Em síntese, a cidadania corporativa é uma prática que pode diferenciar e qualificar o mundo empresarial. Por meio de seu exercício, as empresas podem contribuir para a implementação das metas do ODS 16 – Paz, justiça e instituições eficazes – que trata de "promover sociedades pacíficas e inclusivas para o desenvolvimento sustentável, proporcionar o acesso à justiça para todos e construir instituições

---

[104]. Disponível em: https://apublica.org/2016/08/como-as-federacoes-empresariais-searticularam-pelo-impeachment/

eficazes, responsáveis e inclusivas em todos os níveis"[105]. Num momento em que a ciência tem demonstrado a inviabilidade de manutenção do atual modo de produção para a sobrevivência do planeta, é positivo que empresas articulem limites para sua própria forma de acumulação do capital.

5.7 BlackRock: porta giratória, duplo padrão e concentração de riquezas

Já dissemos que o ESG ganhou enorme popularidade no mundo corporativo em 2018 quando o CEO da BlackRock, Larry Fink, publicizou sua famosa carta anual para os seus clientes. Considerando que a BlackRock é a maior gestora de ativos do mundo – ela administrava cerca de 10 trilhões de dólares em 2022 – podemos dizer que a sua influência sobre os rumos do capital no planeta não deve ser desconsiderada. A literatura especializada não tem dúvidas quanto a isso. Para uns, ela está entre os principais organizadores do capital no século XXI (Rügemer, 2019). Para outros, ela está entre os grandes gestores de ativos na estrutura do capitalismo no século XXI (Mundo Neto; Donadone; Desidério, 2022). Com efeito, ao trazer as questões ambientais, sociais e de governança para o centro da agenda corporativa global, a empresa aparentou enorme compromisso com o tema da sustentabilidade e criou a ideia de que o capitalismo poderia estar mudando. Mas aparência não é tudo. Como bem registrou um pensador do século XIX, se a aparência e a essência das coisas coincidissem imediatamente, toda a ciência seria supérflua (Marx, 2017, p. 880). Fora do discurso, ou seja, fora da aparência, a BlackRock demonstra na essência uma práxis problemática em relação às questões ambientais, sociais e de governança. Vejamos cada um desses aspectos separadamente.

---

105. Disponível em: https://brasil.un.org/pt-br/sdgs/16

Do ponto de vista da governança, a forma como a BlackRock se relaciona com governos é polêmica. Muitos executivos da companhia foram nomeados nos governos do Partido Democrata nos Estados Unidos, mais precisamente nos governos de Barack Obama e de Joe Biden. Chefe de investimento sustentável da BlackRock, Brian Deese foi assessor do governo Obama e nomeado diretor do Conselho Econômico Nacional por Biden. Chefe de gabinete de Larry Fink na empresa, Wally Adeyemo foi o primeiro presidente da Fundação Obama e subsecretário do Tesouro no governo Biden. Já Michael Pyle, chefe de investimentos estratégicos da BlackRock, foi nomeado como assessor econômico da vice-presidente Kamala Harris. Essa prática recorrente da BlackRock caracteriza aquilo que a literatura especializada definiu como porta giratória. Por porta giratória, compreende-se o mecanismo pelo qual atores do mundo privado assumem posições no Estado ou, ao contrário, funcionários da burocracia estatal são contratados pelas empresas. Em ambos os casos, o objetivo é o mesmo: favorecer a captura do Estado pelo capital. Como apontam Motta e Mendonça (2023, p. 13), "a porta giratória cria atalhos informacionais entre empresas e o poder executivo, reforçando assimetrias entre esses dois atores em comparação aos cidadãos, movimentos sociais e coletivos envolvidos com a temática". De fato, a íntima relação da firma com esses governos rendeu uma série de iniciativas governamentais que favoreceram as ações da BlackRock. Entre essas iniciativas, o Federal Reserve e o Departamento do Tesouro concederam contratos à BlackRock para administrar bilhões de dólares em dívidas e em títulos de bancos que foram à falência[106]. Até onde se sabe, cooperativas de trabalhadores nunca ganharam concessões governamentais como essas.

---

106. Disponível em: https://www.moneytimes.com.br/blackrock-vai-vender-us-114-bi-em-titulos-de-bancos-falidos/

Na perspectiva ambiental, podemos observar o fenômeno do duplo padrão ambiental na BlackRock. Como já dissemos anteriormente, o duplo padrão ambiental acontece quando uma organização age de uma determinada maneira em um país, mas de forma oposta em outra localidade. Aliás, esse duplo padrão também pode acontecer dentro de um mesmo país. A companhia sugere defender publicamente os investimentos globais em meio ambiente. Contudo, uma pesquisa realizada em 2019 pela ONG norte-americana Amazon Watch constatou que a BlackRock está entre as dez maiores acionistas das cinquenta empresas que mais causam deflorestamento no mundo. A pesquisa indicou que a empresa de Larry Fink controlava em 2018 mais de US$ 1,8 bilhão em capital de empresas desmatadoras[107]. Ademais, a empresa tem ampliado seus investimentos em combustíveis fósseis, como demonstra a parceria com a petroleira saudita Saudi Aramco feita em 2021[108].

A questão social também não parece ser uma prioridade da empresa. Um outro estudo da Amazon Watch em parceria com a Articulação dos Povos Indígenas do Brasil – APIB – quantificou em US$ 8,2 bilhões o investimento da BlackRock em empreendimentos de agronegócio associados à invasão de terras indígenas entre 2017 e 2020[109]. Independentemente desse problema com os povos indígenas, o simples fato de a firma ter por modelo de negócios a concentração de riquezas já depõe contra qualquer meta social que poderia vir a ter.

---

107. Disponível em: https://www.brasildefato.com.br/2021/11/30/blackrock-o-gigante-devorando-a-colheita

108. Disponível em: https://www.estadao.com.br/economia/aposta-blackrock-petroleo-saudita-problema-esg/

109. Disponível em: https://www.brasildefato.com.br/2021/11/30/blackrock-o-gigante-devorando-a-colheita

A BlackRock foi a principal responsável por fazer o ESG ganhar o mundo. Agora, ela pode ser a principal responsável por fazer o ESG desaparecer. Analistas atentos perceberam que, em seus últimos comunicados públicos, Larry Fink substituiu o termo ESG por "investimentos de transição". Mark Wiedman, chefe do negócio global de clientes da BlackRock e potencial sucessor de Fink, explica o que aconteceu: "O investimento na transição é específico e concreto. Os clientes sabem do que estamos falando. ESG como categoria é um saco de surpresas vago para muitos clientes"[110]. Em vez de tornar o ESG mais concreto, foi mais fácil abandoná-lo.

Em síntese, a cidadania corporativa não aceita a prática da porta giratória, não compactua com o duplo padrão ambiental e não é condescendente com a concentração de riquezas. Como se pode ver, a BlackRock parece estar longe da cidadania corporativa.

---

110. Disponível em: https://valor.globo.com/financas/noticia/2024/03/05/blackrock--abandona-esg-e-foca-em-investimentos-de-transio-climtica.ghtml

6
Considerações finais

> *Ecologia sem luta de classes é jardinagem.*
> (Chico Mendes[111])

A história do *Príncipe* de Maquiavel é bem conhecida. Em 1513, após ter sido afastado dos assuntos da República de Florença por questões políticas, o brilhante Maquiavel buscou se aproximar do governante Lourenço II de Médici, dedicando-lhe aquilo que seria sua maior riqueza: o seu conhecimento sobre a vida do Estado. Assim, o florentino presenteou Médici com o *Príncipe*, obra em que sistematizou tudo aquilo que sabia sobre a política, em troca de ter como retribuição um cargo no governo. No livro, Maquiavel explica ao príncipe tudo o que ele deveria saber e fazer para governar e garantir a unificação do Estado italiano. Entre tantos outros conselhos, Maquiavel sustenta que o príncipe precisa ter virtude. E a virtude está em saber preparar sua cidade, nos tempos de bonança, para os desafios que tempestades futuras poderão trazer. Curioso que Maquiavel já utilizava metáforas da natureza

---

111. Seringueiro e ambientalista brasileiro assassinado em 1988 por grandes fazendeiros na Amazônia.

no século XVI. No seu mais famoso exemplo, o autor conta o caso de um rio furioso que, em tempos de cheia, inunda as planícies e destrói as árvores e edifícios que encontra pelo caminho. O príncipe com virtude, argumenta Maquiavel, é aquele que em tempos de calmaria toma medidas preventivas e constrói diques e barragens para que seu ímpeto não seja tão violento e danoso. Em síntese, Maquiavel queria ensinar ao governante, no caso Lourenço II de Médici, como governar. No fim das contas, Maquiavel não recebeu o cargo que desejava, mas o *Príncipe* tornou-se um dos maiores clássicos da literatura política moderna.

Há quem diga, no entanto, que o objetivo do *Príncipe* não era exatamente ensinar os governantes a governarem. Leitor de Maquiavel, Rousseau (1996, p. 89) sugeria no século XVIII que Maquiavel, "fingindo dar lições aos reis, deu-as, e grandes, aos povos". No século XVII, antes de Rousseau, o filósofo Espinosa (2009) – para quem deus e a natureza são a mesma coisa – também já havia alertado que a preocupação de Maquiavel não seria com o governante, mas sim com a liberdade da multidão. Ou seja, o *Príncipe* teria como desígnio ensinar a lógica da política ao povo, à multidão, aos subalternos.

Talvez o objetivo de tudo o que foi escrito até aqui seja o mesmo: não apenas ensinar aos príncipes – empresários e acionistas – o que devem fazer pela sustentabilidade corporativa, mas sim disponibilizar informações que contribuam para a ação coletiva dos *stakeholders*.

* * *

Na história do capitalismo, a noção de que empresas possuem responsabilidades socioambientais é relativamente nova. Desde Adam Smith, no século XVIII, até a segunda metade do século XX, com Milton Friedman, vigorou a ideia de que a única responsabilidade de uma empresa é ter lucros. Isso começou a mudar com Freeman e a teoria dos *stakeholders,* na década de 1980, quando passou a ganhar força a ideia de que para além dos acionistas e executivos, as empresas também devem se preocupar com os interesses das demais partes interessadas, como trabalhadores e comunidades locais em que estão inseridas. Essa teoria dos *stakeholders* abriu as portas, na década de 1990, para a prática da responsabilidade social corporativa. Na virada para o século XXI, com o conhecimento científico sobre as mudanças climáticas cada vez mais apurado, essa responsabilidade social corporativa incorporou também a agenda ambiental. Foi sob esse registro que surgiu, em 1998, o *triple bottom line* e em 2004 o ESG.

O ESG parecia ser a grande novidade de um mundo corporativo preocupado com as questões sociais e ambientais. Mas o que temos assistido nas últimas duas décadas são empresas que, sob a máscara do ESG, mantém diversos problemas de práticas insustentáveis. Na linguagem da literatura mais atual, essas ações não passam de *greenwashing* ou *socialwashing,* de maquiagem verde ou maquiagem social.

Uma tentativa conceitual de superar esse problema veio à tona em 2017 com o conceito de economia *donut* proposto pela economista inglesa Kate Raworth. Para Raworth, a economia que se pretende sustentável deve, de forma simultânea, endereçar as questões sociais e não ultrapassar as fronteiras ambientais do planeta. Raworth sugere que essa é uma concepção regenerativa de economia. Embora traga uma perspectiva mais atual e completa, a economia *donut* ainda pode se apresentar como abstrata ou pouco operacional para muitos.

O presente livro partiu desse referencial robusto apresentado pela economia *donut* de Raworth para atualizar a teoria da sustentabilidade corporativa. A originalidade do trabalho se encontra em formular pilares para uma Empresa Regenerativa. A Empresa Regenerativa, como argumentei, é aquela que conduz quatro práticas simultâneas: (1) a governança corporativa inclusiva; (2) o valor compartilhado; (3) o impacto ambiental positivo; e (4) a cidadania corporativa. Aqui, a ação "simultânea" é fundamental, pois, como diz Naomi Klein (2021, p. 154), "somente uma abordagem holística e sem medo, que não sacrifique nenhum assunto no altar de nenhum outro, proporcionará a profunda transformação de que precisamos".

* * *

Ao descrever a lógica de funcionamento do capitalismo em seu clássico *A riqueza das nações*, livro de 1776, Adam Smith sugeriu que "não é da benevolência do açougueiro, do cervejeiro ou do padeiro que esperamos nosso jantar, mas da consideração que eles têm pelo seu próprio interesse" (Smith, 1996, p. 74). Pode ser que o interesse individual seja, de fato, o principal motor das sociedades capitalistas como sugere Smith. Entretanto, como nem todas as organizações sociais foram ou são assim – o Ubuntu nas culturas Zulu e Xhosa na África do Sul e o comunismo primitivo das sociedades indígenas da América demonstram isso –, é possível imaginar que o futuro das sociedades pode ser diferente.

Ao longo deste texto busquei demonstrar que, assim como em Veneza do século XIII, já era possível identificar as primeiras experiências burguesas que mais tarde viriam a formar o modo de produção capitalista. Nesse início do século XXI, o germe das empresas regenerativas também já brotou. São, certamente, iniciativas ainda pouco frequentes, isoladas, desarticuladas e contraditórias. Mas a história funciona assim. Se uma empresa X consegue reciclar 100% das latas de alumínio que produz num incrível processo de logística reversa, mas dentro dessas latas carrega uma bebida que é a maior causadora de diabetes no mundo, essa empresa não pode ser considerada regenerativa. Se uma empresa Y é um exemplo mundial de preservação da biodiversidade na produção de seus cosméticos, mas seu modelo de negócios é baseado em mulheres que trabalham sem carteira assinada e sem direitos trabalhistas, essa empresa não pode ser considerada regenerativa. Se uma empresa Z propõe a contratação apenas de *trainees* negros, mas em seu conselho de administração e em sua diretoria executiva não há líderes negros, essa empresa não pode ser considerada regenerativa. Em suma, somente pode ser considerada uma empresa regenerativa aquela que estabelecer a sustentabilidade em todas as dimensões de seu modelo de negócios. E isso, infelizmente, ainda não existe. O grande desafio do século XXI é fazer com que todas essas boas práticas sejam realizadas no seio de uma mesma empresa, a Empresa Regenerativa.

Claro, o caminho é longo. Concordo com Aguiar *et al.* (2023, p. 7, tradução nossa) quando dizem que "uma mentalidade inovadora de empresas e de acadêmicos será necessária antes que as empresas brasileiras possam passar a desenvolver processos e produtos inovadores e sustentáveis relacionados à biodiversidade". Dentro de seus limites, este trabalho também contribui para essa mudança de *mindset* corporativo.

Em seu famoso Prefácio do livro *Contribuição Para a Crítica da Economia Política* de 1859, Marx (1999, p. 52) explica que "uma formação social nunca perece antes que estejam desenvolvidas todas as forças produtivas para as quais ela é suficientemente desenvolvida". Da mesma forma, diz Marx, "novas relações de produção mais adiantadas jamais tomarão o lugar, antes que suas condições materiais de existência tenham sido geradas no seio mesmo da velha sociedade". É por isso que o pensador alemão conclui que "a humanidade só se propõe as tarefas que pode resolver" (Marx, 1999, p. 52). O que busquei demonstrar ao longo deste texto foi que as "forças produtivas" e as "condições materiais de existência" já foram suficientemente desenvolvidas para garantir o perecimento da velha formação social que promove a destruição da natureza. São inúmeros os exemplos de inovações tecnológicas já aplicadas no mundo corporativo que permitem que o atual modo de produção insustentável seja substituído por um novo que seja sustentável. As bases materiais e o conhecimento científico para a transformação que o século XXI exige já estão aí. O que falta agora é colocá-las em prática em larga escala. Mãos à obra!

Referências

ACCIOLY, I; SÁNCHEZ, C. Antiecologismo no Congresso Nacional: o meio ambiente representado na Câmara dos Deputados e Senado Federal. *Desenvolvimento e Meio Ambiente*, Editora UFPR, n. 25, p. 97-108, jan./jun. 2012.

ACOSTA, A. *O bem viver*: uma oportunidade para imaginar outros mundos. Tradução de Tadeu Breda. São Paulo: Autonomia literária; São Paulo: Elefante, 2016.

ADAMS, C. et al. The Double-Materiality Concept: Application and Issues. *Global Reporting Initiative*, 2021. Disponível em: https://www.globalreporting.org/media/jrbntbyv/griwhitepaperpublications.pdf Acesso em: 28 jun. 2023.

ADEODATO, S. Revolução silenciosa: diante dos limites planetários e das atuais demandas sociais, a inovação é vista como chave para virar o jogo da sustentabilidade. *Página 22*, n. 94, abr. 2015. Disponível em: https://bibliotecadigital.fgv.br/ojs/index.php/pagina22/article/view/48305/46330 – Acesso em: 27 jun. 2023.

ADORNO, T.; HORKHEIMER, M. *Dialética do esclarecimento*. Rio de Janeiro: Zahar, 1985.

AGUIAR, A. C. F. et al. Business, biodiversity, and innovation in Brazil. *Perspectives in Ecology and Conservation*, v. 21, n. 1, p. 6-16, 2023.

ALMEIDA, F. Negócios. In: TRIGUEIRO, A. *Meio ambiente no século XXI*. Rio de Janeiro: Sextante, 2003, p. 123-141.

ALMEIDA, F. *Os desafios da sustentabilidade*: uma ruptura urgente. Rio de Janeiro: Elsevier, 2007.

ALMEIDA, F. Empreendedorismo sustentável. *Ambiente legal*, 2006. Disponível em: https://www.ambientelegal.com.br/empreendedorismo-sustentavel/ – Acesso em: 27 jun. 2023.

ALMEIDA, S. *Racismo estrutural*. São Paulo: Jandaíra, 2021.

ALTMANN, A. *Pagamentos por serviços ecológicos*: uma estratégia para a restauração e preservação da mata ciliar no Brasil? 2008. 121 f. Dissertação (Mestrado em Direito) – Universidade de Caxias do Sul, RS, 2008.

ALVES, J. E. D. Antropoceno é um conceito mais correto do que Capitaloceno. *Revista IHU*, 19 set. 2020. Disponível em: http://www.ihu.unisinos.br/78-noticias/602989-antropoceno-e-um-conceito-mais-correto-do-que-capitaloceno – Acesso em: 27 jun. 2023.

ALVES-MAZZOTTI, A. J. Usos e abusos dos estudos de caso. *Cadernos de Pesquisa*, v. 36, n. 129, p. 637-651, set. 2006.

ANTONIK, L. R. *Compliance, ética, responsabilidade social e empresarial*: uma visão prática. Rio de Janeiro: Alta Books, 2016.

BARAN, P; SWEEZY, P. *Capitalismo monopolista*: ensaio sobre a ordem econômica e social americana. Rio de Janeiro: Zahar, 1978.

BARROSO, R. M. C. Sugestões para a crise da pesca da lagosta no Ceará: uma abordagem usando a Teoria dos Jogos. *Revista Política Agrícola*, v. 20, n. 2, p. 105-118, 2011.

BAUDRILLARD, J. *A sociedade de consumo*. Lisboa: Edições 70, 1995.

BAUMAN, Z. *Vida para consumo*: A transformação das pessoas em mercadoria. Rio de Janeiro: Jorge Zahar, 2008.

BECK, U. *Sociedade de risco*: rumo a uma outra modernidade. São Paulo: Editora 34, 2011.

BERKES, F.; FOLKE, C. *Linking Social and Ecological Systems*: Management Practices and Social Mechanisms for Building Resilience. Cambridge: Cambridge Univrsity Press, 1998.

BEZERRA, E. *Sustentabilidade: trilhas a percorrer*. São Paulo: Anita Garibaldi, 2019.

BOBBIO, N.; MATTEUCCI, N.; PASQUINO, G. *Dicionário de política*. Brasília, DF: Ed. UNB, 1993.

BOFF, L. *Sustentabilidade*: o que é – o que não é. Petrópolis: Vozes, 2016.

BOTTOMORE, T. Cidadania. *In*: BOTTOMORE, T.; OUTHWAITE, W. *Dicionário do Pensamento Social do século XX*. Rio de Janeiro: Zahar, 1996.

BRANCO, P. Chegou a hora de revisitar o triple bottom line. *Página 22*. Disponível em: https://pagina22.com.br/2012/04/12/chegou-a-hora-de-revisitar-o-triple-bottom-line/ – Acesso em: 27 jun. 2023.

BRASIL. *Lei 14.119, de 13 de janeiro de 2021*. Disponível em: http://www.planalto.gov.br/ccivil_03/_ato2019-2022/2021/lei/L14119.htm. Acesso em: 27 jun. 2023.

BRASIL. *Lei nº 12.651, de 25 de maio de 2012*. Disponível em: http://www.planalto.gov.br/ccivil_03/_ato2011-2014/2012/lei/l12651.htm Acesso em: 27 jun. 2023.

BRASIL. Ministério do Meio Ambiental (MMA). *Pagamentos por serviços ambientais na Mata Atlântica: lições aprendidas e desafios*. Brasília: MMA, 2011.

BRASIL. Ministério do Meio Ambiente. *Planaveg: Plano Nacional de Recuperação da Vegetação Nativa*. Brasília, DF: MMA, 2017.

BRASIL. *Lei n. 12.846, de 1 de agosto de 2013*. Dispõe sobre a responsabilização administrativa e civil de pessoas jurídicas pela prática de atos contra a administração pública, nacional ou estrangeira, e dá outras providências. Disponível em: https://www.planalto.gov.br/ccivil_03/_ato2011-2014/2013/lei/l12846.htm – Acesso em: 27 jun. 2023.

BRASIL. *Lei n. 13.146, de 6 de julho de 2015*. Institui a Lei Brasileira de Inclusão da Pessoa com Deficiência (Estatuto da Pessoa com Deficiência). Disponível em: https://www.planalto.gov.br/ccivil_03/_ato20152018/2015/lei/l13146.htm – Acesso em: 27 jun. 2023.

BRASIL. *Lei n. 9.605, de 12 de fevereiro de 1998*. Dispõe sobre as sanções penais e administrativas derivadas de condutas e atividades lesivas ao meio ambiente, e dá outras providências. Disponível em: https://www.planalto.gov.br/ccivil_03/leis/l9605 – htm Acesso em: 27 jun. 2023.

BRASIL. CPI de Brumadinho e outras barragens. *Senado Federal*, jun. de 2019. Disponível em: https://legis.senado.leg.br/sdleggetter/documento/download/acbe1dc8-5656-419e-9ff5-9fcae27730e7 – Acesso em: 27 jun. 2023.

BRASIL. *Constituição da República Federativa do Brasil de 1988*. Disponível em: https://www.planalto.gov.br/ccivil_03/constituicao/constituicao.htm – Acesso em: 27 jun. 2023.

BRASIL. *Constituição da República Federativa do Brasil*. 1988.

BRASIL. Relatório de Riscos e Oportunidades Sociais, Ambientais e Climáticas do Banco Central. *Banco Central do Brasil*, v. 1, set. 2021a. Disponível em: https://www.bcb.gov.br/content/publicacoes/relatorioriscooportunidade/relatorio_riscos_oportunidades_sociais_ambientais_climatic as_0921.pdf – Acesso em: 27 jun. 2023.

BRASIL. Resolução CMN n. 4.945, *Banco Central do Brasil*, 15 set. 2021b. Disponível em: https://www.bcb.gov.br/estabilidadefinanceira/exibenor mativo?tipo=Resolu%C3%A7%C3%A3o%20CMN&numero=4945 – Acesso em: 27 jun. 2023.

BRASIL. Resolução n. 4.557, *Banco Central do Brasil*, 23 fev. 2017. Disponível em: https://www.bcb.gov.br/pre/normativos/busca/downloadNorma tivo.asp?arq%20uivo=/Lists/Normativos/Attachments/50344/Res_4557_v2_P.pdf – Acesso em: 27 jun. 2023.

BRASIL. *Resolução n. 4.327*, 25 abr. 2014. Disponível em: https://www.bcb.gov.br/pre/normativos/res/2014/pdf/res_4327_v1_O.pdf – Acesso em: 27 jun. 2023.

BRASIL. *Decreto n. 11.646 de 16 ago.* 2023. Disponível em: http://www.planalto.gov.br/ccivil_03/_ato2023-2026/2023/decreto/D11646.htm Acesso em: 27 jun. 2023.

BUKHARIN, N. Teoria e prática do ponto de vista do materialismo dialético. *Novos Rumos*, Marília, v. 58, n.1, p. 7-20, jan/jul., 2021.

BULOW, J. An economic theory of planned obsolescence. *The Quarterly Journal of Economics*, v. 101, n. 4, p. 729–749, 1986.

BURCH, S.; DI BELLA, J. Business models for the Anthropocene: accelerating sustainability transformations in the private sector. Sustainability Science, 2021.

BRUNDTLAND, G.H. *et al. Nosso futuro comum.* 2.ed. Rio de Janeiro: Editora da Fundação Getúlio Vargas, 1991.

CARAYANNIS, E.; CAMPBELL, D. 'Mode 3' and 'Quadruple Helix': toward a 21st century fractal innovation ecosystem. *International Journal of Technology Management*. v. 46, n. 3-4, p. 201-234, 2009.

CARAYANNIS, E.; CAMPBELL, D. Open Innovation Diplomacy and a 21st Century Fractal Research, Education, and Innovation (FREIE) Ecosystem: Building on the Quadruple and Quintuple Helix Innovation Concepts and the "Mode 3" Knowledge Production System. *Journal of Knowledge Economic*, v. 2, p. 327-372, 2011.

CARAYANNIS, E.; BARTH, T.; CAMPBELL, D. The Quintuple Helix innovation model: global warming as a challenge and driver for innovation. *Journal of Innovation and Entrepreneurship*, v. 1. 2, 2012.

CARAYANNIS, E.; RAKHMATULLIN, R. The quadruple/quintuple innovation helixes and smart specialisation strategies for sustainable and inclusive growth in Europe and beyond. *Journal of Knowledge Economic*, v. 5, p. 212-239, 2014.

CARLOMAGNO, M. C.; ROCHA, L. C. Como criar e classificar categorias para fazer análise de conteúdo: uma questão metodológica. *Revista Eletrônica de Ciência Política*, v. 7, n. 1, p. 173-188, 2016.

CARROLL, A. B. The pyramid of corporate social responsibility: toward of moral management of organizational stakeholder. *Business Horizons*, v. 34, n. 4, p. 39-48, 1991.

CARROLL, A. B. The four faces of corporate citizenship. *Business and Society Review*, v. 100, n. 1, p. 1-7, 1998.

CASARAMONA, A.; SAPIA, A.; SORACI, A. How TOI and the quadruple and quintuple helix innovation system can support the development of a new model of international cooperation. *Journal of Knowlegde Economic*, v. 6, n. 3, p. 505-521, 2015.

CASTELLS, M. *A sociedade em rede*. São Paulo: Paz e Terra, 1999.

CHAUÍ, M. Prefácio. *In*: LAFARGUE, P. *O direito à preguiça*. São Paulo: Veneta, 2021.

CLINTON, L.; WHISNANT, R. Model Behavior: 20 Business model innovations for sustainability. *SustainAbility*, feb.2014. Disponível em: https://issuu.com/lichtebries/docs/model_behavior__20_business_model_ Acesso em: 27 jun. 2023.

COHEN-SHACHAM, E. *et al*. Core principles for successfully implementing and upscaling Nature-based Solutions. *Environmental Science & Policy*, v. 98, p. 20-29, 2019.

COLLIER, P. *O futuro do capitalismo*: enfrentando as novas inquietações. Porto Alegre: L&PM, 2019.

COSTA, M. A. S., *et al*. Impactos socioeconômicos, ambientais e tecnológicos causados pela instalação dos parques eólicos no Ceará. *Revista Brasileira de Meteorologia*, v. 34, n. 3, p. 399 – 411, jul. 2019.

COUTO, M. C. P. *et al*. Avaliação de discriminação contra idosos em contexto brasileiro – ageismo. *Psicologia: Teoria e Pesquisa*, v. 25, n. 4, p. 509-518, out. 2009.

CRUTZEN, P.; STOERMER, E. "The Anthropocene", *Global Change Newsletter*, n. 41, p. 17-18, 2000.

CUNHAL, A. *O partido com paredes de vidro*. Lisboa: Avante, 1985.

DANTAS, M. *A lógica do capital-informação*: a fragmentação dos monopólios e a monopolização dos fragmentos num mundo de comunicações globais. Rio de janeiro: Contraponto, 2002.

DAYRELL, M. Mulheres negras são apenas 3% entre líderes nas empresas, diz estudo. *Terra*, 11 mar. 2022. Disponível em: https://www.terra.com.br/nos/mulheres-negras-sao-apenas-3-entrelideres-nas-empresas-dizestudo,cc51a786e4402676743ce2163f45fce9hj9rhyxq.html – Acesso em: 27 jun. 2023.

DE MASI, D. *O futuro do trabalho*: fadiga e ócio na sociedade pós-industrial. Brasília: Editora UNB, 2000a.

DE MASI, D. *O ócio criativo*. Rio de Janeiro: Sextante, 2000b.

DE MASI, D. Por que não trabalhamos só três horas por dia? *Revista Época*. 20 fev. 2009. Disponível em: http://revistaepoca.globo.com/Revista/Epoca/0,,ERT55109-15230,00.html – Acesso em: 27 jun. 2023.

DEBORD, Guy. *A sociedade do espetáculo*. Rio de Janeiro: Contraponto, 1997.

DEL PINO, S.P.; METZGER, E.; DREW, D.; MOSS, K. Elephant in the boardroom: Why unchecked consumption is not an option in tomorrow's markets. *World Resources Institute*, 2017. Disponível em: https://www.wri.org/publication/elephant-in-the-boardroom – Acesso em: 27 jun. 2023.

DEMAJOROVIC, J.; MATURANA, L. M. Desenvolvimento de produtos sustentáveis: purificadores de água Brastemp e carpetes Interface. *Revista de Gestão Social e Ambiental*, v. 3, n. 3, art. 7, p. 102-119, 2009.

DEMAJOROVIC, J.; MASSOTE, B. Acordo setorial de embalagem: avaliação à luz da responsabilidade estendida do produtor. *Revista de Administração de Empresas*, v. 57, n. 5, p. 470-482, set. 2017.

DIAMOND, J. *Colapso*: como as sociedades escolhem o fracasso ou o sucesso. Rio de Janeiro: Record, 2005.

DÍAZ, S. *et al.* Assessing nature's contributions to people. *Science*, v. 359, n. 6373, p. 270-272, 2018.

DINIZ, E. M. Os Resultados da Rio+10. *Revista do Departamento de Geografia*, São Paulo, n. 15, 2002.

ECCLES, R. G.; SERAFEIM, G. The performance frontier: innovating for a sustainable strategy. *Harvard Business Review*, p. 50-60, mai. 2013. Disponível em: https://hbr.org/2013/05/the-performance-frontierinnvating-for-a-sustainable-strategy – Acesso em: 27 jun. 2023.

EDGECLIFFE-JOHNSON, A. As empresas deveriam colocar os propósitos antes dos lucros? *Valor Econômico*. Caderno Cultura e Estilo, 11 jan. 2019.

ELKINGTON, J. *Canibais com garfo e faca*. São Paulo: Makron Books, 2001.

ELKINGTON, J. 25 years ago I coined the phrase "triple bottom line". Here's why it's time to rethink it. *Harvard Business Review*, 25 jun. 2018.

ELLEN MACARTHUR FOUNDATION. *Completando a figura*: como a economia circular ajuda a enfrentar as mudanças climáticas. Ellen Macarthur Foundation, 2019.

ENGELS, F. *A dialética da natureza*. Rio de Janeiro: Paz e terra, 1979.

ENGELS, F. *Esboço para uma crítica da economia política e outros textos de juventude*. São Paulo: Boitempo, 2021.

ENNIS, D. Don't let that rainbow logo fool you: These 9 corporations donated millions to anti-gay politicians. *Forbes*. 24 jun. 2019. Disponível em: https://www.forbes.com/sites/dawnstaceyennis/2019/06/24/dontlet-thatrainbow-logo-fool-you-thesecorporations-donated-millions-to-anti-gaypoliticians/?sh=7c9bf28c14a6 – Acesso em: 30 jul. 2023.

ESPINOSA, B. *Tratado político*. São Paulo: Martins Fontes, 2009.

ESPINOSA, B. N. *Um olhar estratégico sobre a contribuição das empresas para as metas globais de biodiversidade*. Dissertação (mestrado) – Pontifícia Universidade Católica do Rio de Janeiro, Departamento de Geografia e Meio Ambiente, 2022.

ETZKOWITZ, H.; LEYDESDORFF, L. The Triple Helix-university-industry-government relations: A laboratory for knowledge based economic development. *EASST Review*, v. 14, p. 14-19, 1995.

ETZKOWITZ, H.; ZHOU, C. Hélice Tríplice: inovação e empreendedorismo universidade-indústria-governo. *Estudos Avançados*, v. 31, n. 90, 2017.

FERDINAND, M. *Uma ecologia decolonial*: pensar a partir do mundo caribenho. São Paulo: Ubu Editora, 2022.

FERNANDES, L. M. R.; GARCIA, A. S.; RUFINO DE CARVALHO, S.; VIEGAS, L. A vingança de Prometeu: ciência, tecnologia, inovação e a reconfiguração do poder internacional no século XXI. *Revista Tempo Do Mundo*, n. 28, p. 43-84, 2022. Disponível em: https://www.ipea.gov.br/revistas/index.php/rtm/article/view/362 – Acesso em: 27 jun. 2023.

FILGUEIRAS, I. Lojas Americanas é processada em R$ 11 milhões por assédio moral contra pessoas com deficiência. *Valor Investe*. Disponível em: https://valorinveste.globo.com/objetivo/empreendase/noticia/2019/08/28/lojas-americanas-e-processada-em-r-11-milhoespor-assedio-moral-contra-pessoas-com-deficiencia.ghtml. Acesso em: 17 out. 2023.

FOSTER, J. B. Marxismo e Ecologia: fontes comuns de uma Grande Transição. *Lutas Sociais*, São Paulo, v. 19, n. 35, p. 80-97, jul./dez. 2015.

FOUCAULT, M. *Vigiar e punir*. Petrópolis: Vozes, 1986.

FRAGA, R. G.; SAYAGO, D A. V. Soluções baseadas na Natureza: uma revisão sobre o conceito. *Parcerias Estratégicas*, Brasília, v. 25, n. 50, p. 67-82, jan./jun. 2020.

FRANÇA. *Lei n° 2016-1088 de 8 agosto de 2016* (capítulo 2). Relativa ao trabalho, à modernização do diálogo social e à segurança dos percursos profissionais. Disponível em: http://travailemploi.gouv.fr/IMG/pdf/loi_no20161088_du_8_aout_2016_version_initiale.pdf – Acesso em: 12 nov. 2022.

FREEMAN, R. E. *Strategic management*: a stakeholder approach. Boston: Pitman, 1984.

FRIEDMAN, M. *Capitalismo e liberdade*. Rio de Janeiro: LTC, 2014.

FULLERTON, John; LOVINS, Hunter. "Creating a 'Regenerative Economy' to Transform Global Finance into a Force for Good: What If the Economy Protected People and the Planet?" *FastCompany*, October 29, 2013.

GALEANO, E. *Os filhos dos dias*. Porto Alegre: L&PM, 2012.

GALEANO, E. Quatro frases que fazem o nariz do Pinóquio crescer. *MST*. 16 mai. 2011. Disponível em: https://mst.org.br/2011/05/16/quatrofra ses-que-fazem-o-nariz-do-pinoquio-crescer/ – Acesso em: 27 jun. 2023.

GALVÃO, M. C. B.; RICARTE, I. L. M. Revisão sistemática da literatura: conceituação, produção e publicação. *Logeion*: filosofia da informação, Rio de Janeiro, v. 6, n. 1, p. 57-73, set./fev. 2020.

GEISSDOERFER, M.; VLADIMIROVA, D.; EVANS, S. Sustainable business model innovation: A review. *Journal of cleaner production*, v. 198, p. 401-416, 2018.

GEISSDOERFER, M. et al. The Circular Economy – A new sustainability paradigm? *Journal of Cleaner Production*, v. 143, p. 757-68, fev. 2017.

GEORGESCU-ROEGEN, N. *O decrescimento*: entropia, ecologia, economia. Trad. de Maria José Perillo Isaac. São Paulo: Editora Senac, 2012.

GIANTURCO, A. *A ciência da política*: uma introdução. Rio de Janeiro: Forense, 2017.

GIDDENS, A. *A política da mudança climática*. Rio de Janeiro: Zahar, 2010.

GIES, E. Interface Founder Ray Anderson Leaves Legacy of Sustainability Success. *Forbes*, 10 ago. 2011. Disponível em: https://www.forbes.com/sites/ericagies/2011/08/10/interface-founder-ray-anderson-leaves-legacy-of-sustainability-success/?sh=7a15eb4c174a

GOMES, P. *Sexta-feira é o novo sábado*. Lisboa: Relógio D'Água, 2022.

GOMES, P. Série Semana de Quatro Dias (4): uma vantagem competitiva para as empresas. *Público*. 6 jan. 2023. Disponível em: https://www.publico.pt/2023/01/06/opiniao/opiniao/serie-semana-quatrodias-4-van tagem-competitiva-empresas-2033869 – Acesso em: 27 jun. 2023.

GRAMSCI, A. *Cadernos do cárcere*. Rio de Janeiro: Civilização brasileira, 2007.

GUIMARÃES, N. A. Os desafios da equidade: reestruturação e desigualdades de gênero e raça no Brasil. *Cadernos Pagu*, 2002.

GUIMARÃES, R. P.; FONTOURA, Y. S.R. Rio+20 ou Rio-20?: crônica de um fracasso anunciado. *Ambiente & Sociedade*, v. 15, n. 3, p. 19-39, 2012.

HAN, B-C. *Sociedade do cansaço*. Petrópolis-RJ: Vozes, 2017.

HARAWAY, D. Antropoceno, Capitaloceno, Plantationoceno, Chthuluceno: fazendo parentes. *ClimaCom Cultura Científica* – pesquisa, jornalismo e arte, a. 3, v. 5, p. 139-146, abr. 2016.

HART, S. *Capitalism at the crossroads*: Next generation business strategies for a post-crisis world. 3. ed. New Jersey: Pearson Education, 2010.

HART, S. L., MILSTEIN, M. B. Criando Valor Sustentável. *Revista de Administração de Empresas* – RAE Executivo, v. 3, n. 2, p. 65-79, mai./jul. 2004.

HOBSBAWM, E. *Era dos extremos*: o breve século XX. São Paulo: Companhia das letras, 1995.

HORLINGS, I; MARSDEN, T. Rumo ao desenvolvimento espacial sustentável? Explorando as implicações da nova bioeconomia no setor agroalimentar e na inovação regional. *Sociologias*. v. 13, n. 27, 2011.

IBGC. *Código das melhores práticas de governança corporativa*. 5.ed. / Instituto Brasileiro de Governança Corporativa. São Paulo: IBGC, 2015. Disponível em: https://edisciplinas.usp.br/pluginfile.php/4382648/mod_resource/content/1/Livro_Codigo_Melhores_Praticas_GC.pdf – Acesso em: 27 jun. 2023.

IFC. Participação dos Interessados: Manual de Melhores Práticas para Fazer Negócios em Mercados Emergentes. *International Finance Corporation*, 2007. Disponível em: https://bit.ly/3wzEp4T Acesso em: 27 jun. 2023.

INICIATIVA EMPRESARIAL PELA IGUALDADE RACIAL. *Índice de equidade racial nas empresas 2022*. 2022. Disponível em: https://iniciativaempresarial.com.br/wpcontent/uploads/2022/11/indice_de_equidade_IERE_2022_Versao_online_VF.pdf – Acesso em: 27 jun. 2023.

INOCÊNCIO, E. R.; FAVORETO, R. L. Distorções comunicativas em relatórios de sustentabilidade: uma análise pautada no pensamento habermasiano. *Cadernos* EBAPE.BR, v. 20, n. 4, p. 543-556, jul. 2022.

INSTITUTO ETHOS. *Perfil social, racial e de gênero das 500 maiores empresas do Brasil e suas ações afirmativas*. São Paulo: Instituto Ethos, 2016.

JACOBI, P. R.; LAUDA-RODRIGUEZ, Z. L.; MILZ, B. Editorial n. 2/2019. Nature in decline: warning of IPBES report on species extinction. *Ambiente & Sociedade*, v. 22, 2019.

JENSEN, M. C.; MECKLING, W. H. Theory of the Firm: managerial behavior, agency costs and ownership structure. *Journal of Financial Economics*, v. 3, p. 305-360, 1976.

KATES, R. *et al*. Sustainability Science. *Science*, v. 292, n. 5517, p. 641-642, 2001.

KEYNES, J. M. As possibilidades econômicas de nossos netos. *In*: SZMRECSÁNYI, T.(Org.). *Keynes*. São Paulo: Ática, 1984 [1930].

KLEIN, N. *Em chamas*: uma (ardente) busca por um novo acordo ecológico. Rio de Janeiro: Alta Books, 2021.

KRENAK, A. *A vida não é útil*. São Paulo: Companhia das letras, 2020.

KURUCZ, E. C.; COLBERT, B. A.; MARCUS, J. Sustainability as a provocation to rethink management education: Building a progressive educative practice. *Management Learning*, v. 45, n. 4, p. 437-457, 2013.

KURZ, R. O desenvolvimento insustentável da natureza. *O Beco*, out. 2002. Disponível em: http://www.obeco-online.org/rkurz108.htm. Acesso em: 22 mai. 2020.

LAFARGUE, P. *O direito à preguiça*. São Paulo: Veneta, 2021.

LAKHANI, N. 'Worthless': Chevron's carbon offsets are mostly junk and some may harm, research says. *The Guardian*, mai. 2023. Disponível em: https://www.theguardian.com/environment/2023/may/24/chevron-carbonoffset-climate-crisis Acesso em: 27 jun. 2023.

LATOUCHE, S.; HARPAGÈS, D. *La hora del decrecimiento*. Tradução de Rosa Bertran Alcázar. Barcelona: Ediciones Octaedro, 2010.

LAYRARGUES, P. P. Quando os ecologistas incomodam: a desregulação ambiental pública no Brasil sob o signo do anti-ecologismo. RP3 – *Revista de Pesquisa em Políticas Públicas*, 2018.

LEITE, J. C. Controvérsias na climatologia: o IPCC e o aquecimento global antropogênico. *Scientiae Studia*. v. 13, p. 643-677, 2015.

LEMLE, M. Relatório reafirma correlação entre material expelido pela TKCSA e impactos na saúde. *Agência Fiocruz*. 10 dez. 2014. Disponível em: https://portal.fiocruz.br/noticia/relatorio-reafirma-correlacao-entrematerial-expelido-pela-tkcsa-e-impactos-na-saude – Acesso em: 27 jun. 2023.

LENIN, V. I. *Últimos escritos e diário das secretárias*. Belo Horizonte: Aldeia Global, 1979.

LEWIS, S.; MASLIN, M. Defining the Anthropocene. *Nature*, v. 519, p. 171-180, 2015.

LIMA, A. P. M.; PRADO, R. B.; LATAWIEC, A. E. Payment for water-ecosystem services monitoring in Brazil. *Revista Ambiente e Água* [online], v. 16, n. 4, 2021.

LIMA, P. C. A.; FRANCO, J. L. A. As RPPNs Como Estratégia Para a Conservação da Biodiversidade: O caso da Chapada dos Veadeiros. *Sociedade e Natureza* [online], v. 26, n. 1, p. 113-125, 2014.

LIU *et al*. Framing sustainability in a telecoupled world. *Ecology and Society*, v. 18, n. 2, 2013.

LODI, J. B. O que é a governança corporativa. *Folha de S. Paulo*, São Paulo, 22 mai. 1998. Disponível em: https://www1.folha.uol.com.br/fsp/dinheiro/fi22059804.htm – Acesso em: 27 jun. 2023.

LODI, J. B. *Governança corporativa*: o governo da empresa e o Conselho de Administração. Rio de Janeiro: Elsevier, 2000.

LOVELOCK, J. *A vingança de Gaia*. Rio de Janeiro: Intrínseca, 2006.

LÖWY, M. *Ecologia e socialismo*. São Paulo: Cortez, 2005.

LÖWY, M. Crise ecológica, crise capitalista, crise de civilização: a alternativa ecossocialista. *Caderno CRH*, Salvador, v. 26, n. 67, p. 79-86, jan./abr. 2013.

LÖWY, M.; BESANCENOT, O. *A jornada de trabalho e o "reino da liberdade"*. São Paulo: Ed. UNESP, 2021.

MACIEL, P. B. *Sustainability-linked bonds e a relação com o grau de maturidade da integração da agenda ASG na estratégia corporativa*. Dissertação (mestrado em Ciência da Sustentabilidade) – Rio de Janeiro: PUC-Rio, 2022.

MARANHÃO, D. S. A. *Soluções Baseadas na Natureza na estratégia de clima de uma empresa global de energia que atua no Brasil*: um estudo de caso. Dissertação (mestrado profissional MPGC) – Fundação Getúlio Vargas, Escola de Administração de Empresas de São Paulo. São Paulo, 2020.

MARCUSE, H. *A Ideologia da Sociedade Industrial*: o homem unidimensional. Rio de Janeiro: Zahar, 1973.

MARINI, R. M. Dialética da Dependência. *Germinal*: Marxismo e educação em debate, v. 9, n. 3, p. 325–356, 2017.

MARQUES, C.; BERTÃO, N. Remuneração muito desigual entre topo e a base pode gerar problemas para empresas. *Valor*, 15 fev. 2023 Disponível em: https://valor.globo.com/carreira/esg/noticia/2023/02/15/remuneracaomuito-desigual-entre-topo-e-a-base-pode-gerar-problemas-paraempresas.ghtml Acesso em: 27 jun. 2023.

MARX, K. Prefácio. *In*: MARX, Karl. *Os pensadores*. Nova Cultural, 1999.

MARX, K. *Manuscritos econômico-filosóficos*. São Paulo: Boitempo, 2004.

MARX, K. ENGELS, F. *A ideologia alemã*. São Paulo: Boitempo, 2007.

MARX, K. *Grundrisse*. São Paulo: Boitempo, 2011.

MARX, K. *O Capital*. Livro 1. São Paulo: Boitempo, 2013.

MARX, K. *O Capital*. Livro 3. São Paulo: Boitempo, 2017.

MARTARELLO, R.A. Avançando sobre os entendimentos acerca do fenômeno de obsolescência programada. *Rev. Tecnol. Soc.*, Curitiba, v. 16, n. 45, p. 21-35, out/dez. 2020.

MASOOD, E. The battle for the soul of biodiversity. *Nature*, 560, p. 423-425, 2018.

MASUERO, A. B. Desafio da Construção Civil: crescimento com sustentabilidade ambiental. *Matéria* (Rio de Janeiro) [online], v. 26, n. 04, 2021.

MCGRATH, L. Setor de combustível fóssil acusado de lobby em debate climático. *UOL*, 24 jun. 2019. Disponível em: https://economia.uol.com.br/noticias/bloomberg/2019/06/24/setor-de-combustivel-fossil-acusado-de-lobby-em-debate-climatico.htm – Acesso em: 27 jun. 2023.

MCNEILL, J.; ENGELKE, P. *The Great Acceleration*: An environmental history of the anthropocene since 1945. Cambridge, Mass.: Belknap Press of Harvard University Press, 2014.

MEADOWS, D. et al. *Limites do crescimento*. São Paulo: Ed. Perspectiva, 1973.

MÉSZÁROS, I. *Para além do capital*: rumo à teoria da transição. São Paulo: Boitempo, 2011.

MITCHELL, W.; SIMMONS, R. *Para além da política*: mercados, bem-estar social e o fracasso da burocracia. Rio de Janeiro: Topbooks, 2003.

MONCAU, G. Mesmo sucateada, fiscalização flagra cerca de 250 empregadores escravistas no Brasil por ano. *Brasil de Fato*. 01 mar. 2023. Disponível em: https://www.brasildefato.com.br/2023/03/01/mesmosucateada-fiscalizacao-flagra-cerca-de-250-empregadores-escravistas-nobrasil-por-ano – Acesso em: 27 jun. 2023.

MONZONI, M.; CARREIRA, F. O Metaverso do ESG. *GV Executivo*, v. 21, n. 1, p. 4-11, mar. 2022.

MOORE, J. "The Capitalocene, part I: on the nature and origin of our ecological crisis". *The Journal of Peasant Studies* v. 44, n. 3, p. 594-630. 2017.

MORAES FILHO, E. *Idéias sociais de Jorge Street*. 2. ed. Brasília/ Rio de Janeiro: Senado Federal/ Fundação Casa de Ruy Barbosa, MEC, 1980.

MORAES, J. L. A. Pagamento por Serviços Ambientais (PSA) como Instrumento de Política de Desenvolvimento Sustentável dos Territórios Rurais: O projeto protetor das águas de Vera Cruz, RS. *Sustentabilidade em Debate*, Brasília, v. 3, n. 1, p. 43-56, jan/jun 2012.

MORAIS NETO, S.; PEREIRA, M. F.; COSTA, A. M. Hélice tripla e criação de valor compartilhado: uma proposta de integração universidade-empresa-governo no sistema de inovação. *Anais XIV Colóquio Internacional de Gestão Universitária*. Florianópolis: CIGU, 2014.

MOREIRA, H. M.; GIOMETTI, A. B. R. Protocolo de Quioto e as possibilidades de inserção do Brasil no Mecanismo de Desenvolvimento Limpo por meio de projetos em energia limpa. *Contexto Internacional*, v. 30, n. 1, p. 9-47, 2008.

MORIOKA, S. N.; BOLIS, I.; EVANS, S.; CARVALHO, M. M. Transforming sustainability challenges into competitive advantage: Multiple case studies kaleidoscope converging into sustainable business models. *Journal of Cleaner Production*, v. 167, 2017.

MOSHER, M.; SMITH, L. Sustainability Incorporated – How to Integrate Sustainability into Business. *SustainAbility*. Dec 2015.

MOTA, J. G. B. Os Guarani e Kaiowá e suas lutas pelo tekoha: os acampamentos de retomadas e a conquista do teko porã (bem viver). *Revista Nera* – Ano 20, n. 39 – Dossiê 2017.

MOTTA, F. M.; MENDONÇA, R. F. Assimetria informacional, poder e sistemas deliberativos: uma análise de conflitos ambientais em Minas Gerais. *Revista de Sociologia e Política*, v. 31, 2023.

MUNDO NETO, M.; DONADONE, J. C.; DESIDÉRIO, W. A. A financeirização das grandes empresas, investidores passivos e mercado de ETFs: o capitalismo do século XXI no Brasil. *Revista Tomo*, v. 41, p. 278-305, 2022.

MURADIAN, R.; GÓMEZBAGGETHUN, E. Beyond ecosystem services and nature's contributions: Is it time to leave utilitarian environmentalism behind? *Ecological Economics*, v. 185, 2021.

NASCIMENTO, E.P. do. Trajetória da sustentabilidade: do ambiental ao social, do social ao econômico. USP: *Revista Estudos Avançados*, v. 26, n. 74, p. 51-64, 2012.

NEGRÃO, C. L.; PONTELO, J. F. *Compliance, controles internos e riscos*: a importância da área de gestão de pessoas. Brasília: SENAC, 2014.

NETTO, S. V. de F.; SOBRAL, M. F. F.; RIBEIRO, A. R. B; SOARES, G. R. L. Concepts and forms of greenwashing: A systematic review. *Environmental Sciences Europe*, v.32(1), n. 19, 2020.

NOVAES, W. Agenda 21. *In*: TRIGUEIRO, A. (org.). *Meio ambiente no século 21*: 21 especialistas falam da questão ambiental nas suas áreas de conhecimento. 2. ed. Rio de Janeiro: Sextante, 2003. p. 323-331.

NUSSBAUM, M. *Fronteiras da justiça*: deficiência, nacionalidade, pertencimento à espécie. São Paulo: Martins Fontes, 2013.

OECD. The bioeconomy to 2030: designing a policy agenda. Paris, 2006.

OLIVEIRA, A. M. H. C.; RIOS-NETO, E. L. G. Tendências da desigualdade salarial para coortes de mulheres brancas e negras no Brasil. *Estudos Econômicos*, São Paulo, v. 36, 2006.

OLIVEIRA, J. M. D.; MOTT, L. (orgs.). *Mortes violentas de LGBT+ no Brasil – 2019*: Relatório do Grupo Gay da Bahia. 1. ed. Salvador: Editora Grupo Gay da Bahia, 2020.

OLSON, M. *The rise and decline of nations*. New Haven: Yale University press, 1982.

ORGANIÇÃO DAS NAÇÕES UNIDAS. *Manifesto por Soluções Baseadas na Natureza para o Clima*. Desenvolvido para a Cúpula de Ação Climática da ONU de 2019, 14 ago. 2019. Disponível em: https://wedocs.unep.org/bitstream/handle/20.500.11822/29705/190825NBSManifesto_PT.pdf?sequence=9&isAllowed=y – Acesso em: 27 jun. 2023.

OSTROM, E. A diagnostic approach for going beyond panaceas. *Proceedings of the National Academy of Sciences*, v. 104, n. 39, p. 15181-15187, set. 2007.

OSTROM, E.; BURGER, J.; FIELD, C. B.; NORGAARD, R. B.; POLICANSKY, D. Revisiting the Commons: Local Lessons, Global Challenges, *Science*, vol. 284, p. 278–282, 1999.

PADULA, G.; DAGNINO, G. B. Untangling the Rise of Coopetition. *International Studies of Management e Organization*. v. 37, n. 2, p. 32-52. 2007.

PALMORE, E. B. *Ageism*: Negative and positive. New York: Springer Publishing Company, 1999.

PATI, R. Falta de boas práticas de governança ajuda a explicar rombo nas Americanas. *Correio Braziliense*. 22 Jan 2023. Disponível em: https://www.correiobraziliense.com.br/economia/2023/01/5067964-falta-deboas-praticas-de-governanca-ajuda-a-explicar-rombo-nas-americanas.html – Acesso em: 27 jun. 2023.

Paulo da Fundação Getúlio Vargas. São Paulo, 2012. Disponível em: https://bibliotecadigital.fgv.br/dspace/handle/10438/15357 – Acesso em: 27 jun. 2023.

PBMC/BPBES. *Potência Ambiental da Biodiversidade*: um caminho inovador para o Brasil. Relatório Especial do Painel Brasileiro de Mudanças Climáticas e da Plataforma Brasileira de Biodiversidade e Serviços Ecossistêmicos. Rio de Janeiro, PBMC, Coppe – UFRJ, 2018.

PEARCE, D.; TURNER, R. K. *Economics of Natural Resources and the Environment*. Nova Iorque, Londres, Toronto, Sydney: Harvester Wheatsheaf, 1990.

PEREIRA, A. M. B. A. *A viagem ao interior da sombra*: deficiência, doença crônica e invisibilidade numa sociedade capacitista (dissertação). Coimbra: Universidade de Coimbra, 2008.

PEREIRA, G. *Bioeconomia e a indústria brasileira*. Brasília: CNI, 2020.

PERES, R. B.; SCHENK, L. B. M. Landscape planning and climate changes: a multidisciplinary approach in São Carlos (SP). *Ambiente e Sociedade*, v. 24, 2021.

PERSSON, L. *et al*. Outside the Safe Operating Space of the Planetary Boundary for Novel Entities. *Environmental Science e Technology*, v. 56, n. 3, p. 1510-1521, 2022.

PINSKY, V. Americanas: por que os mecanismos de governança não funcionaram e o que podemos aprender com o caso. *Época Negócios*, 20 jan. 2023. Disponível em: https://epocanegocios.globo.com/colunas/coluna/2023/01/americanas-porque-os-mecanismos-de-governanca-nao-funcionaram-e-o-que-podemosaprender-com-o-caso.ghtml. Acesso em: 27 jun. 2023.

PIOTO, L. Com CRA verde, Tobasa quer expandir bioindústria do babaçu. *Capital Reset*, 25 out. 2022. Disponível em: https://www.capitalreset.com/com-cra-verde-tobasa-quer-expandirbioindustria-do-babacu/ Acesso em: 27 jun. 2023.

PIRES, C. S. *O tratamento dos resíduos orgânicos como cumprimento da Política Nacional de Resíduos Sólidos*: Análise dos planos municipais da bacia do Alto Tietê. Dissertação (Mestrado) – Escola de Engenharia de São Carlos – Universidade de São Paulo. São Carlos, 2013.

PIZZIGATI, S. Salário máximo. Una iniciativa audaz para acabar con las pagas excesivas de los grandes ejecutivos. *Sinpermiso*, 24 nov. 2013. Disponível em: https://www.sinpermiso.info/textos/salario-mximo-unainiciativa-audaz-para-acabar-con-las-pagas-excesivas-de-los-grandesejecutivos .Acesso em: 27 jun. 2023.

PIZZIGATI, S. Minimum wage? It's time to talk about a maximum wage. *The Guardian*. 30 jun 2018. Disponível em: https://www.theguardian.com/commentisfree/2018/jun/30/minimum-wage maximum-wage-income-inequality . Acesso em: 27 jun. 2023.

PORTER, M.; KRAMER, M. Estratégia e sociedade: o elo entre vantagem competitiva e responsabilidade social empresarial. *Harvard Business Review Brasil*, dez. 2006.

PORTER, M.; KRAMER, M. Criação de valor compartilhado: como reinventar o capitalismo – e desencadear uma onda de inovação e crescimento. *Harvard Business Review Brasil*, jan. 2011.

PORTUGAL. *Lei n.º 83/2021 de 6 de dezembro de 2021*. Disponível em: https://files.dre.pt/1s/2021/12/23500/0000200009.pdf – Acesso em: 27 jun. 2023.

POTT, C. Maciel; E., C. C. Histórico ambiental: desastres ambientais e o despertar de um novo pensamento. *Estudos Avançados*. 2017, v. 31, n. 89, p. 271-283.

PRAHALAD, C. K.; NIDUMOLU, R.; RANGASWAMI, M. R. Por que a sustentabilidade é hoje o maior motor da inovação? *Harvard Business Review* – Brasil, p. 27-34, set. 2009.

PRASHAD, V. As multinacionais, o valioso lítio da Bolívia e a urgência de um golpe. *Brasil de Fato*. 13 nov. 2019. Disponível em: https://www.brasildefato.com.br/2019/11/13/artigo-or-o-litio-da-bolivia-e-aurgencia-de-um-golpe Acesso em: 27 jun. 2023.

QUEIROGA, L. Consultor de vendas é demitido após postar comentário homofóbico em rede social. *Extra*, 28 jun. 2019. Disponível em: https://extra.globo.com/noticias/brasil/consultor-de-vendas-demitido-apos-postar-comentario-homofobico-em-rede-social-23771960.html – Acesso em: 16 jul. 2023.

RAMOS, G. A *Nova ciência das organizações*: uma reconceituação da riqueza das nações. Rio de Janeiro: Fundação Getúlio Vargas, 1981.

RAWORTH, K. Um Espaço Seguro e Justo para a Humanidade. *Oxfam*, fev. 2012. Disponível em: https://www-cdn.oxfam.org/s3fs-public/file_attachments/dp-a-safe-and-just-space-for-humanity-130212pt_4.pdf – Acesso em: 27 jun. 2023.

RAWORTH, K. *Economia Donut*: uma alternativa ao crescimento a qualquer custo. Rio de Janeiro: Zahar, 2019.

REZENDE, M. J. Os Objetivos de Desenvolvimento do Milênio da ONU: alguns desafios políticos da co-responsabilização dos diversos segmentos sociais no combate à pobreza absoluta e à exclusão. *Investig. desarro.*, Barranquilla, v. 16, n. 2, p. 184-213, Dec. 2008.

ROCKSTROM, J. *et al*. Planetary boundaries:exploring the safe operating space for humanity. *Ecology and Society*, v.14(2), 32, 2009.

RODRIGUES, T. *Partidos, classes e sociedade civil no Brasil contemporâneo*. Curitiba: Appris, 2021.

RODRIGUES, T. Bases conceituais para uma sociologia da sustentabilidade: capitaloceno, justiça ambiental e racismo ambiental. *O Social em Questão* – Ano XXVI, n. 55, jan./abr., 2023.

RODRIGUES, T.; GALETTI, C. Agenda neoconservadora no governo Bolsonaro e a redução da maioridade penal. *Revista De Ciências Sociais*, v. 53, n. 2, p. 365-398, 2022.

RODRIGUES, T.; SILVA, M. G. O Populismo de direita no Brasil: neoliberalismo e autoritarismo no governo Bolsonaro. *Mediações – Revista de Ciências Sociais*, Londrina, v. 26, n. 1, p. 86-107, 2021.

ROUSSEAU, J. J. *O contrato social*. São Paulo: Martins Fontes, 1996.

RÜGEMER, W. *The Capitalists of the 21st Century*. An Easy-to-Understand Outline of the Rise of the New Financial Players. Hamburg: Tredition, 2019.

RUIZ, A. E. L. *et al*. Cenários do passado no Vale do Rio Paraíba do Sul e a entrada do Antropoceno no Sudeste brasileiro. *In*: OLIVEIRA, R. R.; RUIZ, A. E. L. *Geografia histórica do café*. Rio de Janeiro: Ed. PUC-Rio, 2018.

RUIZ, M. *Pagamento por serviços ambientais*: da teoria à prática. Rio Claro (RJ): ITPA, 2015.

RUSSELL, Bertrand. *Elogio ao ócio*. Rio de Janeiro: Sextante, 2002.

SALLES, G. P; SALINAS, D. T. P.; PAULINO, S. R. Execução de Projetos de REDD+ no Brasil Por Meio de Diferentes Modalidades de Financiamento. *Revista de Economia e Sociologia Rural*, v. 55, n. 3 p. 445-464, 2017.

SANDEL, M. *O que o dinheiro não compra*: os limites morais do mercado. Rio de Janeiro: Civilização brasileira, 2014.

SANTORO, P. F.; CHIAVONE, J. A. Negócios de impacto e habitação social: uma nova fronteira do capital financeirizado? *Cadernos Metrópole* [online]. v. 22, n. 49, p. 683-704, 2020.

SANTOS, C.; COELHO, A.; MARQUES, A. A systematic literature review on greenwashing and its relationship to stakeholders: state of art and future research agenda. *Management Review Quarterly*, 2023.

SARAIVA, L. F. *Relatórios de Sustentabilidade e Comunicação Organizacional*: Uma Análise à Luz da Dicotomia Racionalidade Instrumental versus Racionalidade Substantiva. Rio de Janeiro, 2014. 119 p. Dissertação (mestrado), Departamento de Administração, Pontifícia Universidade Católica do Rio de Janeiro, 2014.

SARFATI, G.; SANO, N. N. O turismo antártico e a ameaça da tragédia dos comuns. Caderno Virtual de Turismo. Rio de Janeiro, v. 12, n. 3, p. 364-383, dez. 2012.

SCARANO, F. Volta ao Lar? Breve História da Relação Ser Humano-Natureza. *In*: *Inspira Ciência*, v. 2. Rio de Janeiro: IDG/Museu do Amanhã, 2020.

SCARANO, F. *Regenerantes de Gaia*. Rio de Janeiro: Dantes, 2019.

SCARANO, F. R. *et al*. Increasing effectiveness of the science-policy interface in the socioecological arena in Brazil, *Biological Conservation*, v. 240, 2019.

SCHOMMER, P. C.; FISCHER, T. Cidadania empresarial no Brasil: os dilemas conceituais e a ação de três organizações baianas. *Organizações e Sociedade*, v. 6, n. 15, p. 99-118, mai. 1999.

SCHUMPETER, J. *Teoria do desenvolvimento econômico*. São Paulo: Nova Cultural, 1997.

SCHWAB, K. *Capitalismo Stakeholder*. Rio de Janeiro: AltaBooks, 2023.

SENNETT, R. *A corrosão do caráter*: consequências pessoais do trabalho no novo capitalismo. Rio de Janeiro: Record, 2001.

SENRA, R. Mineradora norueguesa tinha 'duto clandestino' para lançar rejeitos em nascentes amazônicas. *BBC Brasil*. 23 fevereiro 2018. Disponível em: https://www.bbc.com/portuguese/brasil-43162472 – Acesso em: 27 jun. 2023.

SIFFERT FILHO, N. Governança Corporativa: Padrões Internacionais e Evidências Empíricas no Brasil nos Anos 90. *Revista do BNDES*, Rio de Janeiro, v. 9, jun. 1998.

SILVA, J. 40% dos profissionais LGBTs já sofreram discriminação no trabalho. *Infomoney*. 13 abr. 2015. Disponível em: https://www.infomoney.com.br/carreira/40-dos-profissionais-lgbts-jasofreram-discriminacao-no-trabalho/ – Acesso em: 16 jul. 2023.

SILVA, J. M. C.; PINTO, L. P.; SCARANO, F. R. Toward integrating private conservation lands into national protected area systems: Lessons from a megadiversity country. *Conservation Science and Practice*, v. 3, n. 7, 2021.

SILVA, S. S.; REIS, R. P.; AMÂNCIO, R. Paradigmas ambientais nos relatos de sustentabilidade de organizações do setor de energia elétrica. *RAM. Revista de Administração Mackenzie*, v. 12, n. 3, p. 146-176, jun. 2011.

SILVEIRA, A. D. M. *Governança Corporativa no Brasil e no Mundo*: teoria e prática. Rio de Janeiro: Elsevier, 2010.

SILVEIRA, L. S.; SIQUEIRA, N. L. Segregação ocupacional e diferenciais de renda por gênero e raça no Brasil: uma análise de grupos etários. *Revista Brasileira De Estudos De População*, v. 38, 2021.

SMITH, A. *A riqueza das nações*. São Paulo: Nova Cultural, 1996.

SROUR, R. H. *Ética Empresarial*: a gestão da reputação. Rio de Janeiro: Campus, 2003.

STEFFEN, W. *et al*. Planetary Boundaries: Guiding human development on a changing planet. *Science*, vol. 347, n. 6223, 2015.

STEINBERG, H. *A dimensão humana da governança corporativa*: pessoas criam as melhores e as piores práticas. São Paulo: Ed. Gente, 2003.

STRASSBURG, B. Biodiversity: guide reconciles views. *Nature*, v. 561, 2018.

STRASSBURG, B. A decade for restauring Earth. *Science*, v. 374, n. 6564, 2021.

STRASSBURG, B. *et al.* Strategic approaches to restoring ecosystems can triple conservation gains and halve costs. *Nat Ecol Evol*, v. 3, p. 62-70, 2019.

STRASSBURG, B. *et al.* Global priority areas for ecosystem restoration. *Nature*, v. 586, p. 724-729, 2020.

TANURE, B.; CANÇADO, V. Fusões e aquisições: aprendendo com a experiência brasileira. *Revista De Administração De Empresas*, v. 45, n. 2, p. 10-22, 2005.

TAVARES, T. R. R. Examinando a injustiça ambiental a partir da contaminação do ar e de inundações nos arredores da Companhia Siderúrgica do Atlântico/ Ternium, às margens da Baía de Sepetiba (Rio de Janeiro). *Ambientes: Revista de Geografia e Ecologia Política*, v. 1, n. 2, p. 211, 2019.

TEIXEIRA, C. G. *Pagamento por serviços ambientais de proteção às nascentes como forma de sustentabilidade e preservação ambiental.* 2011, 198f. Dissertação (Mestrado em Direito) – Pontifícia Universidade Católica do Paraná, Curitiba, 2011.

THOMPSON, E. P. *Costumes em comum.* São Paulo: Companhia das Letras, 1998.

TOCQUEVILLE, A. *A democracia na América*: sentimentos e opiniões. São Paulo: Martins Fontes, 2000.

TORRES, C. *Balanço social, dez anos*: o desafio da transparência. Rio de Janeiro: IBASE, 2008.

TULLOCK, G. The Welfare Costs of Tariffs, Monopolies, and Theft. *Western Economic Journal*, v.5, n. 3, p. 224-232, 1967.

UNI GLOBAL UNION. *Legislação sobre o direito à desconexão.* 2020. Disponível em: https://uniglobalunion.org/wp-content/uploads/uni_pm_right_to_disconnect_pt.pdf – Acesso em: 27 jun. 2023.

UNITED NATIONS GLOBAL COMPACT. *Who cares wins: connecting financial markets to a changing world.* United Nations, 2004. Disponível em: https://d306pr3pise04h.cloudfront.net/docs/issues_doc%2FFinancial_markets%2Fwho_cares_who_wins.pdf – Acesso em: 27 jun. 2023.

VARGAS, D. B.; DELAZERI, L. M. M.; FERREIRA, V. H. P. *Mercado de Carbono Voluntário no Brasil*: na realidade e na prática. Observatório de Bioeconomia. Escola de Economia de São Paulo. Fundação Getúlio Vargas, 2022.

VEIGA, J. E. A primeira utopia do antropoceno. *Ambiente e Sociedade*, São Paulo v. XX, n. 2, p. 233-252, abr.-jun. 2017.

VENDRAMINI, A.; BELINKY, A. Uma Nova Fonte de Valor Econômico. *GV Executivo*, v.16, n. 5, p. 28-31, set-out 2017.

VERGARA, S. C. *Projetos e relatórios de pesquisa em administração*. 12. ed. São Paulo: Atlas, 2010.

VERGARA, S. C.; BRANCO, P. D. Empresa humanizada: a organização necessária e possível. *RAE-Revista de Administração de Empresas*, v. 41, n. 2, p. 20-30, 2001.

VERNADSKY, V. *La Biosfera*. Madrid: Fundación Argentaria, 1997.

VIEIRA, I; RUSSO, J. A. Burnout e estresse: entre medicalização e psicologização. *Physis: Revista De Saúde Coletiva*, v. 29, 2019.

VIOLA, E. As complexas negociações internacionais para atenuar as mudanças climáticas. *In*: TRIGUEIRO, A. (org.). *Meio ambiente no século 21*: 21 especialistas falam da questão ambiental nas suas áreas de conhecimento. 2. ed. Rio de Janeiro: Sextante, 2003. p. 183-197.

VITÓRIA, L. Itaú (ITUB4) investirá R$ 1 bilhão para entrar em operação de energia eólica da Engie (EGIE3) na Bahia. *Seu Dinheiro*, 07 jun. 2023. Disponível em: https://www.seudinheiro.com/2023/empresas/itau-itub4 -investira-r-1bilhao-para-entrar-em-operacao-de-energia-eolica-da-engie-egie3-nabahia-lvit/ – Acesso em: 1 jul. 2023.

WAHL, Daniel Christian. *Designing Regenerative Cultures*. Triarchy Press, 2016.

WANG-ERLANDSSON, L. *et al*. A planetary boundary for green water. *Nat Rev Earth Environ*, v. 3, n. 6, p. 380-392, 2022.

WEBER, M. A ética protestante e o espírito do capitalismo. São Paulo: Companhia das letras, 2004.

WILLERDING, A. L. *et al*. Estratégias para o desenvolvimento da bioeconomia no estado do Amazonas. *Estudos Avançados*. v. 34, n. 98, 2020.

WORONIECKI, S.; WENDO, H.; BRINK, E.; ISLAR, M.; KRAUSE, T.; VARGAS, A. M.; MAHMOUD, Y. Nature unsettled: How knowledge and power shape 'nature-based' approaches to societal challenges, *Global Environmental Change*, v. 65, 2020.

WUNDER, S. Payments for environmental services: some nuts and bolts. *Occasional Paper*, n. 42, Bogor, Indonésia: CIFOR, 2005.

WWI. *Estado do mundo*: transformando culturas, do consumismo à sustentabilidade. Relatório do Worldwatch Institute sobre o Avanço Rumo a uma Sociedade Sustentável. 2010. Disponível em: https://akatu.org.br/

wp-content/uploads/2021/03/EstadodoMundo2010.pdf – Acesso em: 27 jun. 2023.

YOUNG, C. E. F. Economia Verde: Desapontamentos e Possibilidades. *Revista Politika.*, v.4, p. 88-101, 2016.

YUNUS, M. *Um mundo sem pobreza*: a empresa social e o futuro do capitalismo. São Paulo: Ática, 2008.

ZADEK, S. The Path to Corporate Responsibility. *Harvard Business Review*, p. 1-8, dez. 2004.

ZAFFARONI, E. R. *La Pachamama y el humano*. Buenos Aires: Colihue, 2012.

ZHANG, Lu et al. The influence of greenwashing perception on green purchasing intentions: The mediating role of green word-of-mouth and moderating role of green concern. *Journal of Cleaner Production*, v. 187, p. 740-750, 2018.

ZOTT, C., AMIT, R., MASSA, L. The business model: recent developments and future research. *Journal of Management*, v. 37, p. 1019-1042, 2011.

Sobre o autor

Theófilo Codeço Machado Rodrigues (1984) é graduado em Ciências Sociais pela Pontifícia Universidade Católica do Rio de Janeiro (PUC-Rio), mestre em Ciência Política pela Universidade Federal Fluminense (UFF), mestre em Ciência da Sustentabilidade (PUC-Rio) e doutor em Ciências Sociais (PUC-Rio). Foi professor substituto do Departamento de Ciência Política da Universidade Federal do Rio de Janeiro (UFRJ), professor das disciplinas de "Ética e Sustentabilidade" e "ESG" da Educação Executiva Fundação Getúlio Vargas (FGV), professor recém doutor da Universidade Estadual do Norte Fluminense (Uenf) e pesquisador de Pós-Doutorado no Programa de Pós-Graduação em Ciências Sociais da Universidade do Estado do Rio de Janeiro (Uerj) – com a Bolsa Faperj Nota 10. Atualmente é professor do Programa de Pós-Graduação em Sociologia Política da UCAM. É autor do livro "Partidos, classes e sociedade civil no Brasil contemporâneo" (2021) e organizador dos livros "O Rio que queremos: propostas para uma cidade inclusiva" (2016), "Engels 200 anos: ensaios de teoria social e política" (2020), "Democratizar a comunicação: teoria política, sociedade civil e políticas públicas" (2021) e "Direito à cidade no Rio de Janeiro: políticas públicas para uma cidade inclusiva, democrática, sustentável e rebelde" (2024).

Conecte-se conosco:

f facebook.com/editoravozes

⬜ @editoravozes

✖ @editora_vozes

▶ youtube.com/editoravozes

🟢 +55 24 2233-9033

www.vozes.com.br

Conheça nossas lojas:

www.livrariavozes.com.br

Belo Horizonte – Brasília – Campinas – Cuiabá – Curitiba
Fortaleza – Juiz de Fora – Petrópolis – Recife – São Paulo

EDITORA VOZES LTDA.
Rua Frei Luís, 100 – Centro – Cep 25689-900 – Petrópolis, RJ
Tel.: (24) 2233-9000 – E-mail: vendas@vozes.com.br